高等职业教育课程改革项目研究成果系列教材
"互联网+"活页式新形态教材

电工电子实训

活页式教材

主　编　杨志红　普　健　杨　飞
副主编　李江恒　王云滨

北京理工大学出版社
BEIJING INSTITUTE OF TECHNOLOGY PRESS

内容简介

本教材与电工国家职业标准衔接，内容翔实、语言简洁、图文并茂、实例丰富，并配有大量多媒体资源。本教材从工程实际出发，强化在工作中的实用性，着重对学习者动手能力的培养，同时融入思政元素，培养学习者精益求精的大国工匠精神、合作意识和团队精神，帮助学习者养成实事求是的科学作风、积极探索的求学态度、认真细致的工作作风，激发学习者科技报国的责任感和使命感，引导学习者树立社会主义核心价值观。本教材涵盖了电气安全常识、常用电工工具、常用电工仪表、常用低压元器件、导线的基本知识、配电线路的基本知识、低压照明电路的安装与检修、登高作业、变压器检修、三相异步电动机检修、单相异步电动机检修、电气控制线路的安装与检修、电子焊接，共13个项目。

本教材适合作为机电一体化专业群等专业学生的电工电子实训用书，同时也可作为电工培训的参考用书。

版权专有　侵权必究

图书在版编目（CIP）数据

电工电子实训活页式教材 / 杨志红，普健，杨飞，主编． －－ 北京：北京理工大学出版社，2023.1
　　ISBN 978 － 7 － 5763 － 1920 － 0

Ⅰ．①电… Ⅱ．①杨… ②普… Ⅲ．①电工技术 － 教材②电子技术 － 教材 Ⅳ．①TM②TN

中国版本图书馆 CIP 数据核字（2022）第 240353 号

出版发行 / 北京理工大学出版社有限责任公司
社　　址 / 北京市海淀区中关村南大街5号
邮　　编 / 100081
电　　话 /（010）68914775（总编室）
　　　　　（010）82562903（教材售后服务热线）
　　　　　（010）68944723（其他图书服务热线）
网　　址 / http：//www.bitpress.com.cn
经　　销 / 全国各地新华书店
印　　刷 / 河北盛世彩捷印刷有限公司
开　　本 / 787 毫米 × 1092 毫米　1/16
印　　张 / 17.75　　　　　　　　　　　　　　责任编辑 / 江　立
字　　数 / 417 千字　　　　　　　　　　　　　文案编辑 / 江　立
版　　次 / 2023 年 1 月第 1 版　2023 年 1 月第 1 次印刷　　责任校对 / 周瑞红
定　　价 / 54.00 元　　　　　　　　　　　　　责任印制 / 施胜娟

图书出现印装质量问题，请拨打售后服务热线，本社负责调换

前言

　　教材是教学环节三大核心要素之一，是保障教学质量的重要支撑。《国家职业教育改革实施方案》要求围绕"教师、教材、教法"推进教育教学改革，倡导使用新型活页式、工作手册式教材。要增强学生学习的自主性，教学内容贴近工作岗位，要营造真实的工作环境，推动"以学习者为中心""以学生实践能力培养为核心"学习新范式的建构。

　　《电工电子实训活页式教材》与电工国家职业标准衔接，与电工电子课程的技能点对应。本教材有图片270余张，视频及动画80余例，涵盖了电气安全常识、常用电工工具、常用电工仪表、常用低压元器件、导线的基本知识、配电线路的基本知识、低压照明电路的安装与检修、登高作业、变压器检修、三相异步电动机检修、单相异步电动机检修、电气控制线路的安装与检修、电子焊接，共13个项目。每个项目均由学习情境描述、学习目标、获取信息、引导问题、小提示、任务实施和企业案例构成，基于完整的工作过程，工学结合，让学习者学以致用。

　　本教材由云南机电职业技术学院杨志红、普健、杨飞任主编，李江恒、王云滨任副主编。杨志红老师负责全书的整体策划、指导并定稿工作，杨飞老师负责全书统稿工作。其中，杨志红老师编写了项目6、项目7、项目8；普健老师编写了项目4、项目9、项目10、项目11；杨飞老师编写了项目1、项目5、项目12、项目13；李江恒老师编写了项目2；王云滨老师负责编写了项目3。

　　本教材的编者有多年的一线企业电气相关工作经验，因此编写的实训内容贴近生产实际，具有可操作性和实用性，并融入思政元素，以现代社会要求电气操作维修人员必须掌握的几类主要技术能力为分类标准，按项目化教学分类，坚持以应用为主线，简化了电工电子基础实训教材的种类。本教材可作为机电一体化专业群等专业学生的电工电子实训用书，也可作为电工学习的参考用书。

　　由于编者水平所限，书中不妥之处在所难免，恳请读者批评指正，以便进一步完善。

目 录

项目1　电气安全常识 (1)

学习情境描述 (1)
学习目标 (1)
获取信息 (1)
1.1　人体触电种类 (1)
1.2　人体触电方式 (2)
1.3　电流伤害人体的因素 (3)
1.4　预防触电的相关措施 (4)
1.5　防止触电的保护措施 (5)
1.6　触电的断电操作 (7)
1.7　触电急救的现场操作 (8)
1.8　电气火灾 (13)
1.9　企业案例 (14)

项目2　常用电工工具 (17)

学习情境描述 (17)
学习目标 (17)
2.1　验电笔 (17)
2.2　旋具（螺丝刀） (21)
2.3　钳子 (22)
　　2.3.1　钢丝钳 (22)
　　2.3.2　尖嘴钳 (23)
　　2.3.3　斜口钳 (23)
　　2.3.4　剥线钳 (23)
2.4　电工刀 (24)
2.5　活动扳手 (24)

  2.6 喷灯 ……………………………………………………………………… (25)
  2.7 拉具 ……………………………………………………………………… (26)
  2.8 企业案例 ………………………………………………………………… (26)

项目3 常用电工仪表 ……………………………………………………… (29)
  学习情境描述 ………………………………………………………………… (29)
  学习目标 ……………………………………………………………………… (29)
  3.1 万用表 …………………………………………………………………… (29)
    3.1.1 指针式万用表 ……………………………………………………… (30)
    3.1.2 数字式万用表 ……………………………………………………… (34)
  3.2 钳形电流表 ……………………………………………………………… (37)
  3.3 兆欧表 …………………………………………………………………… (38)
  3.4 接地电阻测试仪 ………………………………………………………… (39)
  3.5 企业案例 ………………………………………………………………… (43)

项目4 常用低压元器件 ……………………………………………………… (47)
  学习情境描述 ………………………………………………………………… (47)
  学习目标 ……………………………………………………………………… (47)
  4.1 接触器 …………………………………………………………………… (47)
  4.2 继电器 …………………………………………………………………… (49)
    4.2.1 中间继电器 ………………………………………………………… (49)
    4.2.2 时间继电器 ………………………………………………………… (50)
    4.2.3 速度继电器 ………………………………………………………… (51)
  4.3 保护电器 ………………………………………………………………… (52)
    4.3.1 热继电器 …………………………………………………………… (52)
    4.3.2 熔断器 ……………………………………………………………… (54)
    4.3.3 断路器 ……………………………………………………………… (56)
  4.4 主令电器 ………………………………………………………………… (57)
    4.4.1 按钮 ………………………………………………………………… (57)
    4.4.2 行程开关 …………………………………………………………… (58)
  4.5 企业案例 ………………………………………………………………… (61)

项目5 导线的基本知识 ……………………………………………………… (63)
  学习情境描述 ………………………………………………………………… (63)
  学习目标 ……………………………………………………………………… (63)
  5.1 导线的颜色标志 ………………………………………………………… (63)
  5.2 导线绝缘层的剖削 ……………………………………………………… (64)
  5.3 导线的连接 ……………………………………………………………… (65)
    5.3.1 单股铜芯导线的一字型连接 ……………………………………… (65)

5.3.2　单股铜芯导线的 T 字型连接 …………………………………………（65）
　　5.3.3　双股线的对接 ……………………………………………………………（66）
　　5.3.4　不等径单芯导线的对接或等径多芯线和单芯线连接 …………………（66）
　　5.3.5　多股铜芯导线的直线连接（以 7 股铜芯线为例）……………………（66）
　　5.3.6　多股铜芯导线的 T 字型连接（以 7 股铜芯线为例）…………………（67）
　　5.3.7　单芯线与多芯线的 T 字型连接 …………………………………………（68）
　　5.3.8　紧压连接 …………………………………………………………………（68）
　　5.3.9　铜铝导线连接 ……………………………………………………………（69）
　5.4　导线的绝缘恢复 ………………………………………………………………（70）
　　5.4.1　绝缘材料 …………………………………………………………………（70）
　　5.4.2　导线的绝缘恢复 …………………………………………………………（70）
　5.5　企业案例 ………………………………………………………………………（74）

项目 6　配电线路的基本知识 ……………………………………………………（77）

　学习情境描述 …………………………………………………………………………（77）
　学习目标 ………………………………………………………………………………（77）
　6.1　导线 ……………………………………………………………………………（77）
　　6.1.1　架空线路导线 ……………………………………………………………（78）
　　6.1.2　电力电缆 …………………………………………………………………（79）
　6.2　杆塔 ……………………………………………………………………………（81）
　6.3　架空线路绝缘子、金具 ………………………………………………………（83）
　　6.3.1　绝缘子 ……………………………………………………………………（83）
　　6.3.2　金具 ………………………………………………………………………（87）
　6.4　配电线路的停送电操作 ………………………………………………………（90）
　　6.4.1　倒闸操作 …………………………………………………………………（90）
　　6.4.2　操作票填写 ………………………………………………………………（92）
　6.5　企业案例 ………………………………………………………………………（97）

项目 7　低压照明电路的安装与检修 ……………………………………………（101）

　学习情境描述 ………………………………………………………………………（101）
　学习目标 ……………………………………………………………………………（101）
　7.1　低压照明电路常用元器件 ……………………………………………………（101）
　　7.1.1　单相电能表 ………………………………………………………………（101）
　　7.1.2　漏电保护开关 ……………………………………………………………（102）
　　7.1.3　刀开关 ……………………………………………………………………（103）
　　7.1.4　插座 ………………………………………………………………………（103）
　　7.1.5　开关 ………………………………………………………………………（105）
　　7.1.6　灯具 ………………………………………………………………………（106）
　7.2　低压照明电路的安装 …………………………………………………………（107）

7.2.1　室内配线基本要求 ……………………………………………………… (107)
　　　7.2.2　室内配线施工工序 ……………………………………………………… (107)
　　　7.2.3　低压照明任务实施 ……………………………………………………… (108)
　　　7.2.4　故障排除 ………………………………………………………………… (109)
　7.3　企业案例 …………………………………………………………………………… (112)

项目 8　登高作业 …………………………………………………………………………… (113)

　学习情境描述 …………………………………………………………………………… (113)
　学习目标 ………………………………………………………………………………… (113)
　8.1　登高安全用具 ……………………………………………………………………… (113)
　　　8.1.1　安全帽 …………………………………………………………………… (114)
　　　8.1.2　安全带 …………………………………………………………………… (115)
　8.2　梯子 ………………………………………………………………………………… (115)
　8.3　登高板 ……………………………………………………………………………… (116)
　8.4　脚扣 ………………………………………………………………………………… (117)
　8.5　登高作业注意事项 ………………………………………………………………… (118)
　8.6　企业案例 …………………………………………………………………………… (120)

项目 9　变压器检修 ………………………………………………………………………… (123)

　学习情境描述 …………………………………………………………………………… (123)
　学习目标 ………………………………………………………………………………… (123)
　获取信息 ………………………………………………………………………………… (123)
　9.1　变压器的结构及分类 ……………………………………………………………… (124)
　9.2　变压器的工作原理 ………………………………………………………………… (125)
　9.3　变压器的拆装 ……………………………………………………………………… (126)
　9.4　变压器检修后的试验及故障排除 ………………………………………………… (128)
　9.5　企业案例 …………………………………………………………………………… (132)

项目 10　三相异步电动机检修 …………………………………………………………… (135)

　学习情境描述 …………………………………………………………………………… (135)
　学习目标 ………………………………………………………………………………… (135)
　获取信息 ………………………………………………………………………………… (135)
　10.1　三相异步电动机的结构及工作原理 …………………………………………… (136)
　10.2　三相异步电动机的拆装 ………………………………………………………… (137)
　10.3　三相异步电动机实验 …………………………………………………………… (140)
　10.4　三相异步电动机故障检测及排除 ……………………………………………… (143)
　10.5　三相异步电动机定子绕组首尾端判别 ………………………………………… (147)
　10.6　企业案例 ………………………………………………………………………… (150)

项目 11　单相异步电动机检修 (153)

　　学习情境描述 (153)
　　学习目标 (153)
　　获取信息 (153)
　　11.1　单相异步电动机的结构及分类 (154)
　　11.2　单相异步电动机的工作原理及起动、换向方法 (154)
　　11.3　单相异步电动机的拆装 (156)
　　11.4　单相异步电动机故障排除 (159)
　　11.5　企业案例 (162)

项目 12　电气控制线路的安装与检修 (165)

　　12.1　点动正转控制电路的安装与检修 (165)
　　　　学习情境描述 (165)
　　　　学习目标 (165)
　　　　获取信息 (165)
　　　　任务规划 (166)
　　12.2　自锁正转电路的安装与检修 (170)
　　　　学习情境描述 (170)
　　　　学习目标 (170)
　　　　获取信息 (171)
　　　　任务规划 (172)
　　12.3　连续与点动控制电路的安装与检修 (176)
　　　　学习情境描述 (176)
　　　　学习目标 (176)
　　　　获取信息 (176)
　　　　任务规划 (178)
　　12.4　两电动机顺起逆停电路的安装与检修 (179)
　　　　学习情境描述 (179)
　　　　学习目标 (180)
　　　　获取信息 (180)
　　　　任务规划 (181)
　　12.5　两电动机顺起顺停电路的安装与检修 (185)
　　　　学习情境描述 (185)
　　　　学习目标 (185)
　　　　获取信息 (185)
　　　　任务规划 (186)
　　12.6　三台电动机顺起顺停电路的安装与检修 (190)
　　　　学习情境描述 (190)

学习目标 ……………………………………………………………………… (190)
获取信息 ……………………………………………………………………… (191)
任务规划 ……………………………………………………………………… (192)
12.7 接触器互锁正反转电路的安装与检修 ……………………………… (195)
学习情境描述 ………………………………………………………………… (195)
学习目标 ……………………………………………………………………… (195)
获取信息 ……………………………………………………………………… (196)
任务规划 ……………………………………………………………………… (197)
12.8 双重互锁正反转电路的安装与检修 …………………………………… (201)
学习情境描述 ………………………………………………………………… (201)
学习目标 ……………………………………………………………………… (201)
获取信息 ……………………………………………………………………… (202)
任务规划 ……………………………………………………………………… (203)
12.9 两地自动顺起顺停电路的安装与检修 ………………………………… (207)
学习情境描述 ………………………………………………………………… (207)
学习目标 ……………………………………………………………………… (207)
获取信息 ……………………………………………………………………… (207)
任务规划 ……………………………………………………………………… (209)
12.10 两地自动顺起逆停电路的安装与检修 ……………………………… (212)
学习情境描述 ………………………………………………………………… (212)
学习目标 ……………………………………………………………………… (212)
获取信息 ……………………………………………………………………… (212)
任务规划 ……………………………………………………………………… (213)
12.11 星三角降压起动电路的安装与检修 ………………………………… (217)
学习情境描述 ………………………………………………………………… (217)
学习目标 ……………………………………………………………………… (217)
获取信息 ……………………………………………………………………… (217)
任务规划 ……………………………………………………………………… (219)
12.12 双速电动机控制电路的安装与检修 ………………………………… (223)
学习情境描述 ………………………………………………………………… (223)
学习目标 ……………………………………………………………………… (223)
获取信息 ……………………………………………………………………… (223)
任务规划 ……………………………………………………………………… (225)
12.13 星三角单管能耗制动控制电路的安装与检修 ……………………… (228)
学习情境描述 ………………………………………………………………… (228)
学习目标 ……………………………………………………………………… (228)
获取信息 ……………………………………………………………………… (229)
任务规划 ……………………………………………………………………… (230)
12.14 星三角反接制动控制电路的安装与检修 …………………………… (233)

学习情境描述 ………………………………………………………………（233）
　　学习目标 ……………………………………………………………………（233）
　　获取信息 ……………………………………………………………………（233）
　　任务规划 ……………………………………………………………………（235）
　　12.15　企业案例 …………………………………………………………（238）

项目 13　电子焊接 …………………………………………………………（241）

　　学习情境描述 ………………………………………………………………（241）
　　学习目标 ……………………………………………………………………（241）
　　13.1　焊接工具及材料 ……………………………………………………（241）
　　13.2　焊接步骤、技术要求及注意事项 …………………………………（243）
　　13.3　S66E 收音机的安装、焊接与调试 …………………………………（244）
　　13.4　多谐振荡器双闪灯电路安装与调试 ………………………………（254）
　　13.5　企业案例 ……………………………………………………………（259）

附录 A　常见电气元器件图形、文字符号 …………………………………（261）
附录 B　电气技术常用辅助文字符号 ………………………………………（266）
附录 C　生产派工单 …………………………………………………………（267）
附录 D　电气控制线路安装与检修考核标准 ………………………………（268）
附录 E　变压器检修考核标准 ………………………………………………（269）

参考文献 ………………………………………………………………………（271）

项目 1

电气安全常识

🌀 学习情境描述

某厂电工班在变压器室维修保养时，明知 6031 刀闸带电 10 kV，班长却独自架梯登高在无人监护的情况下违章作业，由于梯子离 6031 刀闸过近（小于 0.7 m），其遭电击从 3 m 高处坠落，因撞击变压器导致开放性颅骨骨折、肋骨排列性骨折、双上肢电灼伤等，最终抢救无效死亡。通过事故原因分析得知，工作多年的电气维修人员忽视了人体与 10 kV 带电体间的最小安全距离应不小于 0.7 m 的规定，且一人登高作业，无登高安全措施，无工作监护，电气安全意识薄弱，因违章作业而葬送了自己的生命。电在我们生活生产中无处不在。电，一方面造福人类，给我们的生活和生产带来很大便利；另一方面，如果稍有麻痹或疏忽，又会对我们构成威胁。在用电过程中，我们必须特别注意用电安全，否则就可能发生触电事故或者损坏设备引起火灾或爆炸。

🌀 学习目标

1. 掌握触电的种类和方式。
2. 掌握电流伤害人体的因素。
3. 掌握触电的断电、急救操作及心肺复苏术操作方法。
4. 掌握电气火灾的消防操作。
5. 培养学生爱岗敬业、遵守操作规程的良好作风，杜绝违章作业。

🌀 获取信息

触电：人体某些部位触碰到带电体，且有电流流过人体，从而干扰人体神经传导的生物电，使得大脑对机体失去控制，或者感受到异常刺激后，对肌肉和各器官发出错误的命令。尤其当电流通过心脏时，心脏会痉挛而停止跳动，从而导致人体缺氧而死亡。

1.1 人体触电种类

引导问题：收集资料，查阅触电的种类。

人体触电种类分为_____和_____。

1. 电击

电击指电流通过人体时所造成的内伤。

后果：肌肉抽搐，内部组织损伤，造成发热、发麻、神经麻痹等。严重时将引起昏迷、窒息，甚至引起心脏停跳、血液循环中止等而死亡。

2. 电伤

电伤指在电流的热效应、化学效应、机械效应以及电流本身作用下造成的人体外伤。

3. 电伤的分类

电伤分为灼伤、烙伤、皮肤金属化等。

（1）灼伤：由电流热效应引起（主要是电弧灼伤），造成皮肤红肿、烧焦或皮下组织损伤。

（2）烙伤：由电流热效应或机械效应引起，皮肤被电气发热部分烫伤或由于人体与带电体紧密接触而留下肿块、硬块，使皮肤变色等。

（3）皮肤金属化：由电流热效应和化学效应导致熔化的金属微粒渗入皮肤表层，使受伤部位皮肤带金属颜色且留下硬块。

1.2　人体触电方式

人体触电的方式

引导问题：收集资料，查阅触电的方式，是怎么定义的。

人体触电方式分为_____、_____和_____。

1. 单相触电

人体的一部分接触带电体的同时，另一部分又与_____相接，电流从带电体流经人体流到_____形成回路（见图1–1）。

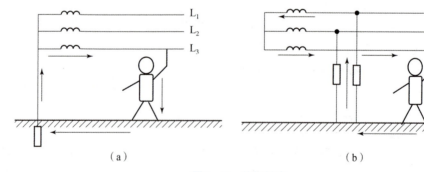

图1–1　单相触电
(a) 中性点直接接地；(b) 中性点不直接接地

2. 两相触电

人体的不同部位同时接触_____带电体，电流由一相通过人体流入_____构成回路造成的触电（见图1–2）。

3. 跨步电压触电

（1）跨步电压：雷电流入地时或载流电力线（特别是高压线）断落到地时，会在导线

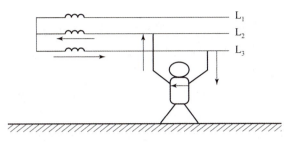

图 1–2 两相触电

接地点及周围形成强电场。其电位分布以接地点为圆心向周围扩散，逐步降低而在不同位置形成电位差（电压），当人畜跨进这个区域，两脚之间的电压称为跨步电压。

（2）跨步电压触电：在上述跨步电压作用下，电流从接触高电位的脚流进，接触低电位的脚流出（见图 1–3）。

图 1–3 跨步电压触电

1.3 电流伤害人体的因素

引导问题：收集资料，查阅触电的伤害程度与哪些因素有关。

伤害程度一般与以下几个因素有关：

1. 通过人体电流的_____

触电时流过人体的电流大小是造成损伤的直接因素。

2. 电流通过人体_____长短

通电时间越长，引起心室颤动的危险也越大。这是因为通电时间越长，人体电阻因出汗等因素降低，导致通过人体的电流增加；此外，心脏每搏动一次，中间有 0.1~0.2 s 的时间对电流最为敏感，通电时间越长，与心脏最敏感瞬间重合的可能性也越大，危险性也就越大。

电流伤害人体因素

3. 电流通过人体_____

当电流通过人体内部重要器官时，后果会很严重。例如通过头部，会破坏脑神经，使人死亡。通过脊髓，会破坏中枢神经，使人瘫痪。通过肺部会使人呼吸困难。通过心脏，会引起心脏颤动或停止跳动而死亡。这几种伤害中，以心脏伤害最为严重。

电流通过人体途径最危险的是_____。

4. 通过人体电流的_____

电流可分为直流电、交流电。交流电可分为工频电和高频电。这些电流都对人体有伤害，但伤害程度不同。_____频率交流电对人体危害最大。工频频率_____。

5. 触电者的身体状况

在相同条件下，人体健康状况越好，触电危险程度就越轻。对于患有心脏病、结核病、精神病、内分泌器官疾病或醉酒的人来讲，由于自身抵抗力差，危险程度相对较严重。

1.4　预防触电的相关措施

预防触电的相关措施

引导问题：你认为触电的原因有哪些？请列举。

_____
_____
_____
_____

 小提示

常见的触电原因

1. 线路不合规范

（1）线路绝缘破损。

（2）通信线与电力线间隔距离过近或同杆架设。

（3）室内外线路对地距离，导线之间的距离小于允许值。

（4）为节省电线而采用一线一地制送电等。

2. 电气操作制度不严格，不健全

（1）不熟悉电路和电器，盲目修理。

（2）救护已触电的人，自身不采用安全保护措施。

（3）停电检修，不挂警告牌。

（4）检修电路和电器，使用不合格的电工工具。

（5）人体与带电体过分接近，又无绝缘或屏护措施。

3. 用电设备不合要求

（1）电器设备内部绝缘损坏，金属外壳又未加保护接地措施，接地电阻太大。

（2）开关、闸刀、灯具、携带式电器绝缘外壳破损，失去防护作用。

（3）开关、熔断器误装在中性线上，一旦断开，就使整个线路带电。

4. 用电不谨慎
（1）违反布线规则，乱拉电线。
（2）在电线或电线附近晾晒衣物。
（3）在电线杆上拴牲口。
（4）在电线（特别是高压线）附近玩耍，放风筝。
（5）未断电源，移动家用电器。
（6）打扫卫生时，用水冲洗或湿布擦拭带电电器或线路等。
（7）在架空线上操作，不加临时接地线。

1.5　防止触电的保护措施

引导问题1：你认为防止触电的保护措施有哪些？请列举。

引导问题2：收集资料，查阅什么叫保护接地、保护接零、工作接地、重复接地。

（1）什么叫保护接地（见图1-4）？列举常见的保护接地实例。

（2）什么叫保护接零（见图1-5）？

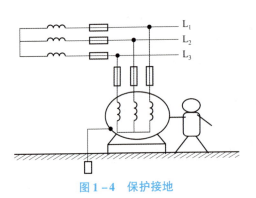
图 1-4 保护接地

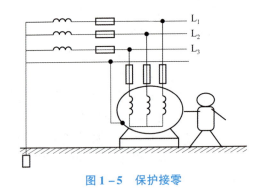
图 1-5 保护接零

(3) 什么叫工作接地？工作接地有什么作用？

_____
_____
_____

(4) 什么叫重复接地？为什么要重复接地？

_____
_____
_____

(5) 请写出图中 1-6 数字代表的具体接地类别。

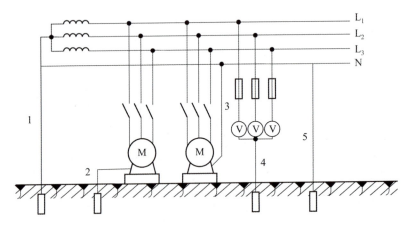
图 1-6 电路图

1 代表：_____
2 代表：_____
3 代表：_____
4 代表：_____
5 代表：_____

小提示

保护接零线不能接开关、熔断器,当在工作零线上装设熔断器等开断电器时,还必须另装保护接地线或接零线。

(1) 使用漏电保护器。

漏电保护器是一种防止漏电的保护装置,当设备因漏电而在外壳上出现对地电压或产生漏电电流时,它能够自动切断电源(见图 1-7)。

(2) 使用安全操作电压。

加在人体上一定时间内不致造成伤害的电压叫安全电压。为了保障人身安全,应安全操作电压,以使触电者能够自行脱离电源,不致引起人身伤亡。

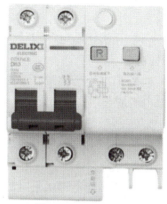

图 1-7 漏电保护器

1.6 触电的断电操作

触电的断电、急救操作

引导问题:如果发生触电事故,假设你是抢救者你要怎么做?

具体措施:一旦发生触电事故,抢救者必须保持冷静,千万不要惊慌失措,首先应尽快_____,然后再进行现场急救。

1. **低压触电事故采取的断电措施**(见图 1-8)

(1) 如果触电地点附近有电源开关(刀闸)或座,_____。

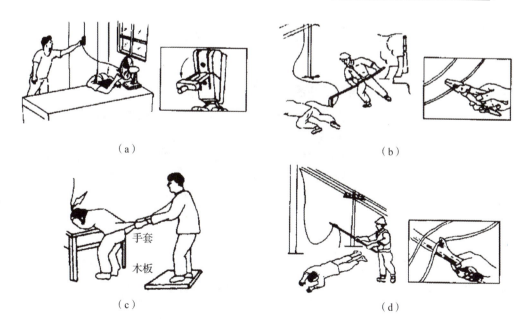

图 1-8 低压触电事故采取的断电措施
(a) 拉掉开关或拔掉插头;(b) 割断电源线;(c) 拉开触电者;(d) 挑、拉电源线

（2）如果找不到电源开关（刀闸）或距离太远，可用_____切断电源线。

（3）无法切断电源线时，可用_____拉开触电者，使其脱离电源。

（4）当电线搭在触电者身上或被压在身下时，可用_____作为工具挑开电线，使触电者脱离电源。

2. 高压触电事故采取的断电措施

（1）如触电事故发生在高压设备上，应立即通知_____停电。

（2）戴上_____，穿上_____，并用相应电压等级的_____拉掉开关。

（3）若不能迅速切断电源开关，可采用抛挂截面足够大、长度适当的金属裸线短路方法，使电源开关跳闸。抛挂前，将短路线一端固定在铁塔或接地引线上，另一端系重物，在抛掷短路线时，应注意防止电弧伤人或断线危及其他人员安全。

> **小提示**
>
> （1）触电时间越长，对触电者的危害越大，因此使触电者脱离电源的办法应根据具体情况，以快速为原则选择采用。
>
> （2）当触电者未脱离电源时，本身就是带电体，断电操作人员不可直接用手或其他金属及潮湿的物体作为断电工具，而必须使用适当的绝缘工具。
>
> （3）当触电事故发生在高处时，要注意防止发生高处坠落摔伤和再次触及其他有电线路。不论是在何种电压的线路上发生触电，即使触电者在平地，也要考虑触电者倒下的方向，注意防止摔伤。

1.7 触电急救的现场操作

引导问题：当触电者脱离电源后你要怎么做？

在触电者脱离电源后，应根据其受电流伤害的程度，采取不同的抢救措施。若触电者只是一度昏迷，可将其放在空气流通的地方使其安静地平卧，松开身上的紧身衣服，摩擦全身，使之发热，以利于血液循环。若触电者发生痉挛，呼吸微弱或停止，应进行现场_____。当心跳停止或不规则跳动时，应立即采取_____进行抢救。若触电者停止呼吸或心脏停止跳动，应立即进行现场_____。抢救必须分秒必争，并迅速向120急救中心求救。

1. 人工呼吸（见图1-9）

人工呼吸的目的，是用人工的方法来代替肺的呼吸活动，人工呼吸的方法有很多，其中口对口吹气的人工呼吸法最为简便有效，也容易学会和传授。

（1）首先把触电者移到空气流通的地方，最好放在平直的木板上，使其仰卧，头部尽量后仰。先把头侧向一边，掰开嘴，清除口腔中的杂物、假牙等。如果舌根下陷应将其拉出，使呼吸道畅通。同时解开衣领，松开上身的紧身衣服，使胸部可以自由扩张。

（2）抢救者位于触电者的一侧，用一只手捏紧触电者的鼻孔，另一只手掰开口腔，深呼吸后，以口对口紧贴触电者的嘴唇吹气，使其胸部膨胀。

（3）然后放松触电者的口鼻，使其胸部自然回缩，让其自动呼气，时间约 3 s。

（4）按照上述步骤反复循环进行，4~5 s 吹气一次，每分钟约 12 次。如果触电者张口有困难，可用口对准其鼻孔吹气，其效果与上面方法相近。

图 1-9 人工呼吸

2. 人工胸外心脏按压（见图 1-10）

人工胸外心脏挤压法是用人工胸外挤压代替_____作用，此法简单易学，效果好，不需设备，易于普及推广。

（1）使触电者仰卧在平直的木板上或平整的硬地面上，姿势与进行人工呼吸时相同，但后背应实实在在着地，抢救者跨在触电者的腰部两侧。抢救者两手相叠，用掌根置于触电者胸部下端部位，即中指尖部置于其颈部凹陷的边缘，掌根所在的位置即为正确挤压区。然后自上而下直线均衡地用力挤压，使其胸部下陷_____cm 左右，以压迫心脏使其达到排血的作用。

（2）使挤压到位的手掌突然放松，但手掌不要离开胸壁，依靠胸部的弹性自动恢复原状，使心脏自然扩张，大静脉中的血液就能回流到心脏中来。

（3）按照上述步骤连续不断地进行，每分钟约_____次。挤压时定位要准确，压力要适中，不要用力过猛，以免造成肋骨骨折、气胸、血胸等危险。但也不能用力过小，用力过小则达不到挤压目的。

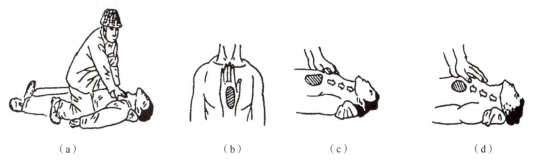

(a)　　　　　　　　(b)　　　　　　　　(c)　　　　　　　　(d)

图 1-10 人工胸外心脏按压

(a) 抢救者跪跨位置；(b) 手掌压胸位置；(c) 挤压方法示意；(d) 放松方法示意

3. 抢救中的观察与处理

经过一段时间的抢救后，若触电者面色好转、口唇潮红、瞳孔缩小、心跳和呼吸恢复正常，四肢可以活动，这时可暂停数秒进行观察，有时触电者至此就可恢复。如果还不能维持正常的心跳和呼吸，必须在现场继续进行抢救，尽量不要搬动，如果必须搬动，抢救工作决不能中断，直到医务人员到来接替抢救。

总之，触电事故带来的危害是很大的，要以预防为主，着手消除发生事故的根源，防止事故的发生；宣传触电现场急救的知识，不仅能防患于未然，万一发生了触电事故，也能进行正确及时的抢救，以挽救更多人的生命。

4. 触电急救注意事项

（1）确保正确的按压部位，既是保证按压效果的重要条件，又可避免和减少肋骨骨折的发生以及心、肺、肝脏等重要脏器的损伤。

（2）双手重叠，应与胸骨垂直。如果双手交叉放置，则按压力量不能集中在胸骨上，否则造成肋骨骨折。

（3）按压应稳定地、有规律地进行。不要忽快忽慢、忽轻忽重，不要间断，以免影响心脏排血量。

（4）不要冲击式地猛压猛放，以免造成胸骨、肋骨骨折或重要脏器的损伤。

（5）放松时要完全，使胸部充分回弹扩张，否则会使回心血量减少。但手掌根部不要离开胸壁，以保证按压位置的准确。

（6）下压与放松的时间要相等，以使心脏能够充分排血和充分充盈。

（7）下压用力要垂直向下，身体不要前后晃动。正确的身体姿势既是保证按压效果的条件之一，又可节省体力。

（8）人工吹气时要清除口鼻异物，吹气时不要深呼吸。每次吹气量为 500 mL 左右，每次吹气大于 1 s，小于 2 s，吹气时见到患者胸部出现起伏即可。

任务实施：模拟触电急救

（1）根据触电急救规范及要求，制订电气维修作业过程中，采用心肺复苏法进行触电急救的行动计划（填写下表对应的操作要点及注意事项）。

操作流程		
序号	作业项目	操作要点
1	脱离电源	
2	保持气道通畅	
3	人工呼吸	
4	胸外按压	
作业注意事项		
审核意见		日期： 签字：

（2）请根据作业计划，完成小组成员任务分工，按要求填写下表。

操作人		记录员	
监护人		展示员	
1. 请模拟电气维修作业过程中展示员触电，监护人将触电者脱离电源的情形			
抢救者保护措施			
救护详细过程			
判断触电者具体情况			
2. 保持气道通畅			
救护详细过程			
3. 口对口（鼻）人工呼吸			
救护详细过程			
4. 胸外按压			
救护详细过程			

（3）请实训指导教师检查本组作业结果，并针对实训过程出现的问题提出改进措施及建议。

序号	评价标准	评价结果
1	抢救者将触电者脱离电源时，防护方法是否到位	
2	抢救者的急救流程是否正确	
3	保持气道通畅是否到位	
4	口对口人工呼吸是否正确	
5	胸外按压的操作是否到位	
综合评价		
综合评语（改进意见）		

（4）请根据自己在课堂中的实际表现进行自我反思和自我评价。

自我反思	
自我评价	

（5）实训成绩。

项目	评分标准	分值	得分
接收工作任务	明确工作任务，理解任务在企业工作中的重要程度	5	
收集信息	掌握触电急救流程	5	
	掌握心肺复苏的操作规范及操作要点	10	
制订计划	按照触电急救的流程，制订合适的检查作业计划	10	
	能协同小组人员安排任务分工	5	
	能在实施前准备好需要的工具器材	5	
实施计划	规范地进行场地布置及情景模拟	8	
	进行断电操作，帮助触电者脱离电源	10	
	保持气道通畅的实施是否规范	10	
	口对口（鼻）人工呼吸法的实施是否规范	10	
	胸部按压的操作实施是否规范	10	
质量检查	完成任务，操作过程规范，养成爱岗敬业的良好作用及遵守操作规程的良好习惯，杜绝违章作业	5	
评价反馈	能对自身表现情况进行客观评价	4	
	在任务实施过程中发现自身问题	3	
得分（满分100分）			

1.8　电气火灾

电气火灾的消防知识

引导问题：收集电气火灾相关资料，并填入下列空白处。

1. 引起电气火灾的主要原因

（1）电路短路。

发生短路时，线路中的电流增加为正常时的几倍甚至几十倍，而产生的热量又和电流的_____成正比，使得温度急剧上升，大大超过允许范围。当温度达到可燃物的燃点时，即会引起燃烧，发生火灾。

（2）负荷过载。

电气设备过载，使导线中的电流超过导线允许通过的最大电流，而保护装置又不能发挥作用，引起_____，即会引起火灾。

（3）接触不良。

导线连接处接触不良，电流通过接触点时打火，引起火灾。

（4）发热电器使用时间过长。

长时间使用发热电器，用后忘关电源，引燃周围物品而造成火灾。

2. 电气火灾的预防措施

（1）选择合适的导线和电器。当电气设备增多、电功率过大时，及时更换原有电路中不合要求的导线及有关设备。

（2）选择合适的保护装置。合适的保护装置能预防线路发生过载或用电设备发生过热等情况。

（3）选择绝缘性能好的导线。对于热能电器，应选用石棉织物护套线绝缘。

（4）避免接头打火和短路。电路中的连接处应牢固，接触良好，防止短路。

3. 电气火灾消防知识

在发生电气火警时，应采取以下措施：

（1）发现电子装置、电气设备、电线电缆等冒烟起火时，应尽快_____。

（2）使用_____进行灭火。使用时，必须保持足够的安全距离，对电压在 10 kV 及以上的设备，该距离不应小于 40 cm。

（3）灭火时应避免身体或灭火工具触及导线或电气设备。

（4）若不能及时灭火，应立即拨打_____报警。

 小提示

在扑救未切断电源的电气火灾时，需使用以下几种灭火器：

四氯化碳灭火器——对电气设备发生的火灾具有较好的灭火作用，四氯化碳不燃烧，也不导电。

二氧化碳灭火器——最适合扑救电器及电子设备发生的火灾，二氧化碳没有腐蚀作用，不致损坏设备。

干粉灭火器——综合了四氯化碳和二氧化碳的长处，适用于扑救电气火灾，灭火速度快。

注意绝对不能用泡沫灭火器，因其灭火药液有导电性，手持灭火器的人员会触电。这种药液会强烈腐蚀电气设备，且事后不易清除。

1.9 企业案例

业务不熟　有电当没电
违章作业　险丢命一条

1. 事故概况

2001年5月24日9时50分，辽宁省某石化厂总变电所所长刘某，在高压配电间看到2号进线主受柜里面有灰尘，于是就找来一把笤帚打扫，造成10 kV高压电触电事故。经现场的检修人员紧急抢救苏醒后，送往市区医院。经医生观察诊断，其右手腕内侧和手背、右肩胛外侧（电流放电点）三度烧伤，烧伤面积为3%。

2. 事故经过

5月24日8时40分，变电所所长刘某安排值班电工宁某、杜某修理直流控制屏指示灯，宁某、杜某在换指示灯灯泡时发现，直流接线端子排熔断器熔断。这时车间主管电气的副主任于某也来到变电所，并和值班电工一起查找熔断器故障原因。当宁某和于某检查到高压配电间时，发现2号主受柜直流控制线路部分损坏，造成熔断器熔断，直接影响了直流系统的正常运行。接着宁某和于某就开始检修损坏线路。不一会儿，他们听到有轻微的电焊机似的响声。当宁某站起来抬头看时，在2号进线主受柜前站着刘某，背朝外，主受柜门敞开，他判断刘某触电了。宁某当机立断，一把揪住刘某的工作服后襟，使劲往外一拉，将他拉倒在主受柜前地面的绝缘胶板上，接着用耳朵贴在他胸前，没有听到心脏的跳动声，宁某马上做人工呼吸。这时于某已跑出门，去找救护车和卫生所大夫。经过十几分钟的现场抢救，刘某的心脏恢复了跳动，神志很快清醒了。这时，闻讯赶来的职工把刘某抬上了车，送到市区医院救治。

3. 事故原因

后经了解得知，刘某在宁某和于某检修直流线路时，看到2号进线主受柜里有少许灰尘，就到值班室拿来了笤帚（用高粱穗做的），他右手拿着笤帚，刚一打扫，当笤帚接近少油断路器下部时就发生了触电，不由自主地使右肩胛外侧靠在柜子上。

（1）刘某违章操作。刘某对高压设备检修的规章制度是清楚的，他本应当带头遵守这些规章制度，遵守电气安全作业的有关规定，但是，刘某在没有办理任何作业票证和采取安全技术措施的情况下，擅自进入高压间打扫高压设备卫生，这是严重的违章操作，也是造成这次触电事故的直接原因。刘某是事故的直接责任者。

（2）刘某对业务不熟。1992年，工厂竣工时，设计的双路电源只施工了1号电源，2号电源的输电线路没有架设，但是，总变电所却是按双路电源设计施工的。这样，2号电源所带的设备全由1号电源通过1号电源联络柜供电到2号电源联络柜，再供到其他设备上，其中有 1 条线从 2 号计量柜后边连到 2 号主受柜内少油断路器的下部。竣工投产以来，2 号电源的电压互感器、主受柜、计量柜一直未用，其高压闸刀开关、少油断路器全部打开，从未合过。刘某担任变电所所长已经两年多，由于他本人没有认真钻研变电所技术业务，对本应熟练掌握的配电线路没有全面了解掌握（在总变电所的墙上有配电模拟盘，上面反映出触电部位带电），反而被表面现象所迷惑，因此，把本来有电的 2 号进线主受柜少油断路器下部误认为没有电，所以敢于大胆地、无所顾忌地去打扫灰尘。业务不熟是造成这次事故的主要原因。

（3）缺乏安全意识和自我保护意识。5 月 21 日，总变电所按计划停电一天进行了大修，总变电所一切检修工作都已完成。时过 3 日，他又去高压设备搞卫生。按规定，要打扫，也要在办理相关的票证、采取安全措施后才可以施工检修。他全然不想这些，更不去想自己的行为将带来什么样的后果，不把自身的行为和安全联系起来，足见其缺乏安全意识和自我保护意识。

（4）车间和有关部门的领导，特别是车间主管领导和电气主管部门的有关人员，工作不够深入，缺乏严格的管理和必要的考核，对职工技术业务水平了解不够全面，对职工进行技术业务的培训学习和具体的工作指导不够，是造成这起事故的重要原因。

4. 事故防范措施

（1）全厂职工要认真对待这次事故，认真分析事故原因，从中吸取深刻教训。开展一次有关安全法律法规的教育，提高职工学习和执行"操作规程""安全规程"的自觉性，杜绝违章行为，保证安全生产。

（2）在全厂开展一次电气安全大检查。特别是在电气管理、电气设施、电气设备等方面，认真查找隐患，并及时整改，杜绝此类触电事故重复发生。

（3）要进一步落实安全生产责任制，做到各级管理人员和职工安全责任明确落实，切实做到从上至下认真管理，从下至上认真负责，人人都有高度的政治责任心和工作事业心，保证安全生产的顺利进行。

项目 2

常用电工工具

 学习情境描述

小明在维修电气控制线路时，使用了验电笔、尖嘴钳、剥线钳等工具。我们把电气操作维修人员使用的工具称为电工工具，电工工具在电气设备安装、维护、修理工作中起着重要的作用，是电气操作的基本工具。正确使用电工工具，既能提高工作效率，又能减小劳动强度，保障作业安全，电气操作人员应掌握常用电工工具的结构、原理、性能和正确的使用方法。

学习目标

1. 掌握常用电工工具的用途。
2. 掌握常用电工工具的使用方法及使用过程中的注意事项。
3. 养成按行业标准及规范要求进行作业的习惯。

2.1 验电笔

低压验电器的使用

引导问题1：如果要使用验电笔，你认为在使用过程中有哪些注意事项？

_____
_____
_____
_____
_____

引导问题2：收集验电笔相关资料，并填写在下列空白处。

1. 低压验电笔

普通低压验电笔测量电压范围在 60～500 V，低于 60 V 时验电笔的氖管可能不会发光，高于 500 V 时不能用普通验电笔来测量，否则容易造成人身触电。低压验电笔如图 2-1 所示。

图 2-1　低压验电笔

（1）验电笔：又称试电笔，是用来检查线路和电器是否_____的工具。

（2）结构：验电笔由探头、_____、_____、_____、弹簧、金属螺钉组成（见图 2-2）。

图 2-2　低压验电笔结构

（3）原理：人体电阻一般很小，通常只有几千欧姆，而验电笔内部的电阻通常有_____左右，通过验电笔的电流在流过人体时很小，通常不到 1 mA，这样小的电流通过人体时，对人没有伤害，而这样小的电流通过验电笔的氖管时，氖管_____。

2. 使用验电笔注意事项

（1）使用验电笔之前，应先检查验电笔内_____，再检查验电笔是否有损坏，是否有受潮或进水现象，检查合格后方可使用。

（2）使用时，一定要用手触及验电笔_____部分，否则，因带电体、验电笔、人体与大地之间没有构成回路，验电笔中的氖管不会发光造成误判，但不能用手触及_____，以防造成人身触电事故。低压验电笔使用方法如图 2-3 所示。

图 2-3　低压验电笔使用方法

（3）在使用验电笔测量电气设备是否带电之前，先要将验电笔在有_____的部位检查一下氖管能否正常发光，如能正常发光，方可使用。

（4）在明亮的光线下使用验电笔测量带电体时，应注意避光，以免因光线太强而不易观察氖管是否发光，造成误判。

（5）使用完毕后，要保持验电笔清洁，并放置在干燥处，严防碰摔。

3. 低压验电笔的作用

（1）区别电压的高低。可根据验电笔_____来估测电压的高低，_____，说明电压越高。

（2）区别相线与零线。在交流电路中，当验电笔触及导线时，氖管发亮的即是_____线，正常情况下，_____是不会使氖管发亮的。

（3）区别交流电和直流电。在用验电笔进行测试时，如果验电笔氖管中的_____发光，就是交流电；如果_____发光，则是直流电。

（4）区别直流电的正负极。测直流电时，若笔尖侧发亮，则笔尖所测为_____，否则，为正极。

（5）检查相线是否碰壳。用测电笔接触电动机、变压器等电气设备的外壳，若氖管发光，则有因相线碰壳而漏电的现象。如果壳体上有良好的接地装置，氖管就不会发光了。

（6）进行低压核相，测量线路中任何导线之间是否同相或异相。站在一个与大地绝缘的物体上，双手各执一支验电笔，然后在待测的两根导线上进行测试，如果两根验电笔发光很亮，则这两根导线为_____。它是利用验电笔中氖管两极间电压差值与其发光强弱成正比的原理来进行判别的。

4. 低压验电笔口诀

电笔判定交直流，交流明亮直流暗，
交流氖管通身亮，直流氖管亮一端。
电笔判定正负极，观察氖管要心细，
前端明亮是负极，后端明亮为正极。

任务实施：使用低压验电笔检测电气设备是否带电

（1）根据低压验电笔的使用规范及要求，制订电气维修作业过程中，验电笔检测电气设备是否带电的行动计划（填写下表对应的操作要点及注意事项）。

操作流程			
序号	作业项目	操作要点	
1	检测低压验电笔		
2	使用低压验电笔测试电气设备是否带电		
3	测试完成后验电笔维护保养		
作业注意事项			
审核意见			日期： 签字：

（2）请根据作业计划，完成小组成员任务分工，按要求填写下表。

操作人		监护人		记录员	
请测试通电情况下三孔插座，每个插孔的带电情况					
操作者保护措施					
测试前低压验电笔检测详细过程					
判断验电笔情况					
三孔插座验电详细过程					
验电完成后电笔保养措施					
验电完成后插孔带电情况					

（3）请实训指导教师检查本组作业结果，并针对实训过程出现的问题提出改进措施及建议。

序号	评价标准	评价结果
1	操作者穿戴、防护方法是否到位	
2	低压验电笔使用前检查是否到位	
3	测试过程中测试操作是否到位	
4	测试完成后分析结果是否准确	
综合评价		
综合评语（改进意见）		

（4）请根据自己在课堂中的实际表现进行自我反思和自我评价。

自我反思	
自我评价	

(5) 实训成绩。

项目	评分标准	分值	得分
接收工作任务	明确工作任务，理解任务在工作中的重要程度	5	
收集信息	掌握低压验电笔使用流程	5	
	掌握低压验电笔的操作规范及操作要点	10	
制订计划	按照验电笔使用流程，制订合适的检查作业计划	10	
	能协同小组人员安排任务分工	5	
	能在实施前准备好需要的工具器材	5	
实施计划	规范进行场地布置	8	
	进行验电笔使用前的检测	10	
	测量电气设备是否带电	10	
	对测量结果进行分析并得出结果	10	
	测量完成后对工具的维护保养	10	
质量检查	完成任务，按行业标准与规范要求进行作业	5	
评价反馈	能对自身表现情况进行客观评价	4	
	在任务实施过程中发现自身问题	3	
得分（满分 100 分）			

2.2 旋具（螺丝刀）

螺丝刀的使用

螺丝刀：用来拧转螺钉，主要有平口、梅花两种（见图 2-4）。

螺丝刀使用方法（见图 2-5）：大螺丝刀一般用来紧固较大的螺钉，使用时，除大拇指、食指和中指要夹住握柄外，手掌还要顶住柄的末端，这样就可以防止旋具转动时滑脱。

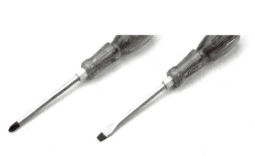

图 2-4 螺丝刀

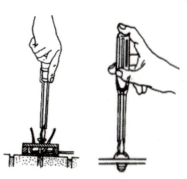

图 2-5 螺丝刀使用方法

小螺丝刀一般用来紧固电气装置接线柱头上的小螺丝钉，使用时，可用手指顶住柄的末端。

引导问题：查找螺丝刀相关资料，并填写在下列空白处。

使用注意事项

（1）使用时，应按螺丝钉的规格_____刀口。任何"以大代小，以小代大"使用旋具均会损坏螺丝钉或电气元件。

（2）带电作业时，手不可触及螺丝刀的_____，以防触电。

（3）电工不可使用金属直通柄顶的螺丝刀，以防触电。金属杆应套_____，防止金属杆触到人体或邻近带电体。

2.3 钳　　子

2.3.1 钢丝钳

钳子的使用

引导问题：收集钳子相关资料，并填写在下列空白处。

1. 钢丝钳的结构

钢丝钳包括钳头和钳柄及钳柄绝缘柄套，绝缘柄套的耐压为500 V。钢丝钳的结构及用途如图2-6所示。

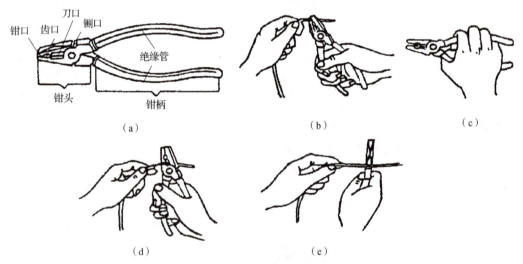

图2-6　钢丝钳的结构及用途

(a) 钢丝钳的结构；(b) 弯绞线头；(c) 旋动螺母；(d) 剪切导线；(e) 铡切钢丝

2. 钢丝钳的功能

钳口用来弯绞或钳夹导线线头，齿口用来固紧或起松螺母，刀口用来剪切导线或剖切导线绝缘层，铡口用来剪切电线芯线和钢丝等较硬金属线。

3. 使用注意事项
（1）使用前应检查手柄绝缘套是否完好。
（2）在切断低压带电导线时，不得将_____同时在一个钳口处切断。
（3）使用时应把刀口的一侧面向操作者。
（4）不能将钢丝钳作为敲击工具使用。
（5）剪切紧绷的金属线时应做好防护措施，防止被剪断的金属线弹伤。

2.3.2　尖嘴钳

1. 尖嘴钳的结构
尖嘴钳由钳头和钳柄及钳柄上耐压为 500 V 的绝缘套等部分组成（见图 2-7）。

2. 尖嘴钳的功能
尖嘴钳头部细长成圆锥形，接近端部的钳口上有一段棱形齿纹，由于它的头部尖而长，因而适宜在较窄小的工作环境中夹持轻巧的工件或线材，或剪切、弯曲细导线。

2.3.3　斜口钳

钳柄有铁柄、管柄和绝缘柄三种，其中，电工用的绝缘柄斜口钳如图 2-8 所示，一般绝缘柄的耐压为 500 V。
斜口钳用以_____，还可直接剪断低压带电导线。
在工作场所比较狭窄的地方和设备内部，斜口钳可用以剪切薄金属片、细金属丝或剖切导线绝缘层。

图 2-7　尖嘴钳

图 2-8　斜口钳

2.3.4　剥线钳

1. 剥线钳的功能
1）剥线钳是用来剥削小直径（截面积 6 mm^2 以下）塑料、橡胶绝缘导线、电缆芯线绝缘层的专用工具（见图 2-9）。一般绝缘手柄套有绝缘套管，耐压为 500 V。

2. 使用方法
（1）根据缆线的粗细型号，选择_____。
（2）将准备好的电缆放在剥线工具的刀刃中间，选择好要剥线的长度。
（3）握住剥线工具手柄，将电缆夹住，缓缓用力使电缆外表皮慢慢剥落。

（4）松开工具手柄，取出电缆线，这时电缆金属整齐露出外面，其余绝缘塑料应完好无损。剥线时不可损伤_____。

图 2-9　剥线钳

2.4　电 工 刀

电工刀的使用

引导问题：查找、收集电工刀相关资料，并填写在下列空白处。

1. 电工刀的用途

电工刀也是电工常用的工具之一，是一种切削工具（见图2-10）。电工刀主要用于_____。

图 2-10　电工刀

2. 使用注意事项

剥导线绝缘层时应_____°切入，以_____°倾斜向外剖削导线绝缘层，以免割伤导线。用毕随即把刀身折入刀柄。因为电工刀刀柄不带绝缘装置，所以_____带电操作，以免触电。

2.5　活 动 扳 手

1. 活动扳手的用途及构成

活动扳手简称活扳手（见图2-11），其开口宽度可在一定范围内调节，是用来紧固和起松不同规格的螺母和螺栓的一种工具。其主要由活扳唇、呆扳唇、扳口、蜗轮、轴销、手柄等构成。

2. 活动扳手使用注意事项

（1）使用时，旋动蜗轮使扳口卡在螺母上，一般顺时针旋紧螺母，逆时针旋松螺母。

（2）扳动大螺母时，手应握在手柄尾端处；扳动小螺母时，手应握在靠近头部的部位，拇指可随时调节蜗轮，收紧扳口以防止打滑。

（3）旋动螺杆、螺母时，必须把工件的两侧平面夹牢，以免损坏螺杆或螺母的棱角，不能反方向用力，否则容易扳裂活扳唇。

（4）不准用钢管套在手柄上作为加力杆使用；不准作为撬棍撬重物或当锤子敲打。

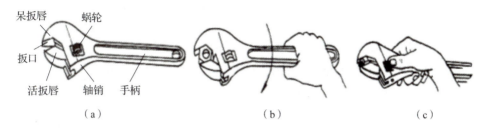

图 2-11 活动扳手的结构及用法

（a）活动扳手的结构；（b）顺时针旋紧螺母；（c）用拇指调节蜗轮

2.6 喷　灯

引导问题：查找、收集喷灯相关资料，并填写在下列空白处。

1. 喷灯的用途

喷灯是利用喷射火焰对工件进行局部加热的工具，常用于_____处理等（见图 2-12）。喷灯的火焰温度可达 900 ℃以上。喷灯有煤油喷灯和汽油喷灯。

2. 喷灯的使用方法

（1）加油：旋下加油阀的螺栓，将洁净油通过装有过滤网的漏斗灌入筒体内（加入量不超过筒体容积的_____），保留一部分空间储存压缩空气以维持必要的空气压力。加完油后应旋紧加油口的螺栓，关闭放油阀杆，擦净撒在外部的燃料，并检查喷灯各处是否有渗漏的现象。

（2）预热：在预热燃烧盘中倒入燃料，用火柴点燃，预热火焰喷头。

（3）喷火：待火焰喷头烧热后，燃烧盘中燃烧物烧完之前，打气 3~5 次，将放油阀杆开启，喷出油雾，喷灯即点燃喷火，而后继续打气，直到火焰正常时为止。

（4）熄火：如需熄火喷灯，应先关闭_____，直到火焰熄灭，待冷却后再慢慢旋松加油口螺栓，放出桶内的压缩空气。

图 2-12 喷灯

3. 使用注意事项

（1）使用时，先要检查喷灯是否_____，油量不得超过油桶的 3/4。
（2）选用喷灯所规定的燃料油。
（3）加油口必须拧好，加油时要远离明火。
（4）喷灯点火时，喷嘴前严禁站人。

2.7 拉　　具

引导问题：查找、收集拉具的相关资料，并填写在下列空白处。

拉具是电气、机械维修中经常使用的工具（见图 2-13），主要用来_____
_____。主要由旋柄、螺旋杆和拉爪构成。拉具有两爪、三爪之分，主要尺寸为拉爪长度、拉爪间距、螺杆长度，以适应不同直径及不同轴向安装深度的轴承。

1. 拉具使用方法

使用时，将螺杆顶尖定位于轴端顶尖孔调整拉爪位置，使拉爪勾挂于轴承，旋转旋柄使拉爪带动轴承沿轴向向外移动拆除。

2. 使用注意事项

使用拉具时要摆正，螺杆要对准轴的中心孔，拉锯的抓钩要抓住工件，用活动扳手或专用铁棍插入拉具丝杆尾端孔中，扳动时用力要均匀，若拉不动则不可硬拉，以免损坏拉具和紧固件，在这种情况下可用_____，必要时可以用喷灯、气焊枪在紧固件的外表面加热，趁器件受热膨胀时迅速拉出。注意加热时_____，以防轴过热变形，时间不能过长，否则轴也跟着受热膨胀，拉起来会更困难。

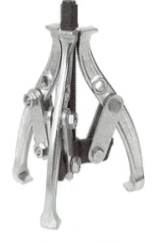

图 2-13　拉具

2.8　企　业　案　例

电工工具使用不当　电弧烧灼伤

1. 事故经过

2005 年 2 月 23 日 11 时 30 分，某化工厂维修班电工鄢某，在检修配电室低压电容柜时，在未断电、未做安全措施的情况下，直接用普通尖嘴钳插保险。因操作不当，尖嘴钳与带电体相碰引发触电，弧光引起短路，形成的电弧将面对电容柜的鄢某的双手、脸、颈脖部大面积严重灼伤。幸亏被及时送进医院救治，鄢某才脱离了生命危险。但电气短路烧毁了电容柜上不少电气元件，造成该柜连接系统单体停车长达 3.5 h，给生产造成了较大损失。

2. 事故原因分析

鄢某严重违反《电气安全检修规程》中"不准带电检修作业"的规定。鄢某心存侥幸，冒险蛮干，在该电容柜完全可以断电检修的情况下，却带电检修作业且不做任何有效防护措施，没有使用电工工具，是发生事故的主要原因。

鄢某在检修前，未编制设备检修方案，未填写检修任务书，未办理设备检修许可证，更没有与岗位操作人员取得联系，趁操作人员中午买饭的时候，想偷偷地把保险换掉，使自己的违章行为神不知鬼不觉，是发生事故的重要原因。

安全管理不到位，不严格，有死角。规章制度制定得不少，讲得也多，但落实得不够，违章行为没有真正得到有效消除。

3. 事故防范措施

纠正违章，首先应从思想上认识违章行为的极大危害性，让员工认识到违章行为是自己的敌人，你不消灭它，它就会伤害你的基本常理，从而达到人人自觉规范自己的行为，自觉遵章守法，自觉遵守规程，自觉遵守制度，安全操作，安全检修作业。

重新修订车间安全管理制度，不但要大力宣传，而且要求员工们必须认真地落实到工作中，执行在行动上。

项目 3

常用电工仪表

学习情境描述

某工厂进行设备年检,电器维修人员对 1 600 kVA 2 号变压器进行绕组直流试验,通过直流电阻测试仪测出该变压器三相绕组电阻相间的差别大于三相平均值的 2%,电气维修人员判定该变压器不能投运,需进行检修。

从以上例子可看出,只有通过各种电工仪表的测量,才能掌控系统的运行状态,对非量化实物进行量化,生产现场需通过各种电工仪表对电气设备及电能的质量及负载运行情况进行测量,并对测量结果进行分析,以保证供电及用电设备和线路可靠、安全、经济地运行。因此,学习电工仪表的使用技能与测量十分必要。

学习目标

1. 掌握常用电工仪表的用途。
2. 掌握常用电工仪表的使用方法及使用过程中的注意事项。
3. 培养学生精益求精的工匠精神。

3.1 万 用 表

引导问题 1:查找、收集万用表相关资料,并填写在下列空白处。

一般万用表(见图 3-1)可以测量直流电流、直流电压、交流电压、直流电阻等电量,有的万用表还可以测量交流电流、电容、电感以及晶体管的放大系数等。它具有测量种类多、测量范围宽、使用和携带方便、价格低等优点,应用十分广泛。

万用表的组成及分类

万用表的基本原理是建立在欧姆定律和电阻串并联分流、分压规律的基础之上的。万用表主要是由表头、转换开关、分流和分压电路、整流电路等组成。在测量不同的电量或使用不同的量程时,可通过转换开关进行切换。万用表按指示方式不同,可分为指针式万用表、数字式万用表两种。指针式万用表的表头为磁电系电流表,数字式万用表的表头为数字电压表。

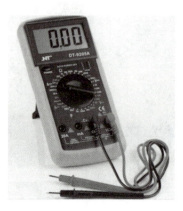 

图 3-1 万用表

3.1.1 指针式万用表

1. 指针式万用表（见图 3-2）的使用方法

指针式万用表的型号有很多，但测量原理基本相同，使用方法相近。

（1）进行测量前，先检查红、黑表笔连接的位置是否正确。红色表笔接到被测量对应插孔内，黑色表笔接到黑色接线柱或标有"-"号的插孔内，不能接反接错，否则在测量直流电量时会因正负极的反接而使指针反转，损坏仪表。

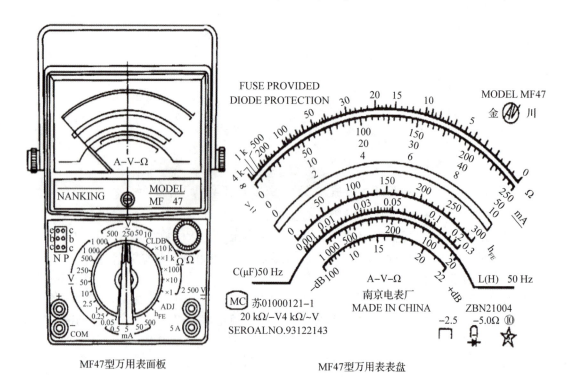

图 3-2 指针式万用表

(2) 在表笔连接被测电路之前,一定要查看所选挡位与测量对象是否相符,否则,误用挡位和量程,不仅得不到测量结果,而且会损坏万用表。

(3) 测量时,须用右手握住两支表笔,手指不要触及_____。

(4) 测量中若需转换量程,必须在表笔_____才能进行,否则选择开关转动产生的电弧易烧坏选择开关的触点,造成接触不良的事故。

(5) 在实际测量中,经常要测量多种电量,每次测量前要注意根据每次测量任务把选择开关转换到相应的挡位和量程。

万用表用一个转换开关来选择测量的电量和量程,使用时应根据被测量及其大小选择相应挡位。在被测量大小不详时,应先选用较大的量程测量,如不合适再改用较小的量程,以表头指针指到满刻度的_____以上位置为宜,否则测量值误差过大。万用表的刻度盘上有许多标度尺,分别对应不同被测量和不同量程,测量时应在与被测量及其量程相对应的刻度线上读数。

2. 电阻的测量

(1) 装好电池(注意电池正负极)。

(2) 插好表笔。"-"黑;"+"红。

(3) 机械调零:万用表在测量前,应注意水平放置时,表头指针是否处于交直流挡标尺的零刻度线上,否则读数会有较大的误差。若不在零位,应通过机械调零的方法(用螺丝刀调整表头下方机械调零旋钮)使指针回到零位。

(4) 先粗略估计所测电阻阻值,再选择合适量程,如果被测电阻不能估计其值,一般情况将开关拨在 R×100 或 R×1k 的位置进行初测,然后看指针是否停在中线附近,如果是,说明挡位合适。如果指针太靠近零,则要减小挡位,如果指针太靠近无穷大,则要增大挡位。

(5) 量程选准以后在正式测量之前必须调零,否则测量值有误差(见图3-3)。

图3-3 指针式万用表调零

方法:将红黑两笔短接,看指针是否指在零刻度位置,如果没有,调节欧姆调零旋钮,使其指在零刻度位置。

注意:如果重新换挡,在正式测量之前也必须调零一次。

(6) 万用表两表笔并接在所测电阻两端进行测量,注意:不能带电测量,被测电阻不能有并联支路。

(7) 读数：阻值 = 刻度值 × 倍率，测量完毕后将量程选择开关调到_____挡。

引导问题 2：图 3-4 为测量电阻时指针的指示，请读出数值。

阻值=18 × 10 k=180 kΩ

读数=_____

图 3-4　指针式万用表电阻读数

3. 晶体管 hFE 的测量

（1）先转动开关至晶体管调节 ADJ 位置上，将红黑测试棒短接，欧姆调零。

（2）然后转动开关到 h_{FE} 位置，将要测的晶体管脚分别插入晶体管测试座的 ebc 管座内，指针偏转所示数值约为晶体管的直流放大倍数值。N 型晶体管应插入 N 型管孔内，P 型晶体管应插入 P 型管孔内。

4. 电压的测量

（1）上好电池。注意电池正负极。

（2）插好表笔。"-"黑；"+"红。

（3）机械调零。

（4）量程的选择：将选择开关旋至电压挡相应的量程（注意区分交直流）进行测量。测量直流电压时应注意"+"表笔（红表笔）接到高电位处，"-"表笔（黑表笔）接到低电位处，即让电流从"+"表笔流入，从"-"表笔流出。若表笔接反，表头指针会反方向偏转，容易撞弯指针。如果不知道被测电压的大致数值，需将选择开关旋至电压挡最高量程上预测，然后再旋至电压挡相应的量程上进行测量。

（5）将两表笔接在被测电压两端（并联）进行测量（交流电不分正负极）。

（6）读数时选择相应刻度。读数 = 刻度值 × 倍率、倍率 = 挡位 ÷ 满刻度值。要根据所选择的量程来选择刻度读数。

引导问题 3：图 3-5 为测量电压时指针的指示，请读出数值。

5. 直流电流的测量

测量直流电流时，将万用表的一个转换开关置于 0.05~500 mA 的合适量程上，电流的量程选择和读数方

图 3-5　指针式万用表电压读数

法与电压一样。测量时必须先断开电路,然后按照电流从"+"到"-"的方向,将万用表串联到被测电路中,即电流从红表笔流入,从黑表笔流出。如果误将万用表与负载并联,则因表头的内阻很小会造成短路烧毁仪表。

若量程转换开关置于 1 000 V 挡,指针指示于圆圈,读数:_____。
若量程转换开关置于 500 V 挡,指针指示于圆圈,读数:_____。
若量程转换开关置于 250 V 挡,指针指示于圆圈,读数:_____。
若量程转换开关置于 50 V 挡,指针指示于圆圈,读数:_____。
若量程转换开关置于 10 V 挡,指针指示于圆圈,读数:_____。
其读数方法:读数 = 刻度值 × 倍率、倍率 = 挡位 ÷ 满刻度值

引导问题 4:图 3 - 6 为测量电流时指针的指示,请读出数值。

图 3 - 6　指针式万用表直流电流读数

若量程转换开关置于 0.5 mA 挡,读数:_____。
若量程转换开关置于 5 mA 挡,读数:_____。
若量程转换开关置于 50 mA 挡,读数:_____。
若量程转换开关置于 500 mA 挡,读数:_____。

6. 使用注意事项

(1)使用前认真阅读产品说明书,充分了解万用表的性能,正确理解标度盘上各种符号和字母含义及各标度尺的读法,了解并熟悉转换开关等部件的作用和使用方法。

(2)万用表应_____放置,应避开强大的磁场区(例如,与发电机、电动机、汇流排等保持一定距离,保持清洁、干燥并且不得受振、受热和受潮)。

(3)测量前,应根据被测项目(如电压或电阻等)将转换开关拨到合适的位置,检查指针是否指在机械零位上,如果不在零位,_____。

(4)接线应正确,表笔插入表孔时,应将红表笔的插头插入"+"孔,黑表笔的插头插入"-"孔;拿表笔时,手指不得触碰表笔金属部位,以保证人身安全和测量准确。

(5)量程的选择,应尽量使指针偏转到标度尺满刻度的 2/3 附近。如果事先无法估计被测量的大小,可在测量中从最大量程挡逐渐减小到合适的挡位,调节量程时,用力不得过大,以免打在其他量程上而损坏电表;每次拿起表笔准备测量时,一定要再校对一下测量项目,核查量程是否拨对、拨准。测试时,表笔应与被测部位_____,若测试部位的导体表面有氧化膜、污垢、焊油、油漆等,应将其除去,以免接触不良而产生测量误差。

（6）开关转到电流挡时，两支表笔应跨接在电源上，以防烧毁万用表；每次测量完毕，应将转换开关置于空挡或最高电压挡，不可将开关置于电阻挡，以免两支笔为其他金属所短接而耗尽表内电池或因误接而烧毁电表。

（7）测量时，切不可错旋选择开关或插错插口。

（8）测量时，要根据选好的测量项目和量程挡，明确应在哪条标度尺上读数，并应了解标度尺上一个小格代表多大数值。读数时目光应与表面_____，不要偏左、偏右。否则，读数将有误差。精密度较高的万用表，在表面的标度尺下有弧形反射镜，当看到指针与镜中的影子重合时，读数最准确。一般情况下，除了应读出整数值外，还要根据指针的位置再估计读取一位小数。

3.1.2 数字式万用表

数字式万用表（见图3-7）在测量、读数准确度和灵敏度方面都要比指针式万用表高，且内阻大，在测量电压时，数字式万用表更接近理想测量条件。同时数字式万用表测量功能更多，如测量电容容量、温度、频率等。但数字式万用表测量动态过程时，数字跳变，不能很好地反映动态变化过程，而指针式万用表可以很好地反映量的连续变化过程和变化趋势，可直观地观察动态过程。

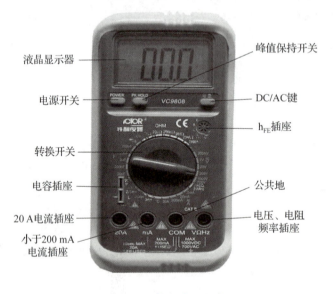

图3-7 数字式万用表

1. 数字式万用表的结构

1）液晶显示器

液晶显示器显示仪表测量的数值及单位。数字式万用表具有自动调零和自动显示极性功能。测量时若被测电压或电流的极性为负，会在显示值前出现"-"号。当仪表所用电源电压（正常值为9V）低于7V时，显示屏上显示"+ －"符号，提示应更换电池。若测量时输入量超过仪表量程，显示屏会显示"1"或"OL"的提示符号。

2）"POWER"键

"POWER"键为电源开关。使用前按一下，显示器上有显示；测量完毕，要再按一下，显示器关闭，以免空耗电池。

3）"HOLD"键

"HOLD"键为保持开关。按此功能键，仪表当前所测值将保持在液晶显示器上，显示器出现"H"符号，再按一次，退出保持状态。

4）转换开关

转换开关用于改变功能及量程。位于面板中央的转换开关可提供多种测量功能和量程，供使用者选择。

5）h_{FE}测试插座

h_{FE}测试插座用于测量晶体三极管电流放大倍数的数值。采用 hFE 插座，旁边分别标有 B、C、E。测量时，应将被测晶体管三个极对应插入 B、C、E 孔内。

6）电容插座

电容插座用于测量电容量或电感量的大小。测量时应将被测电容（或电感）插入该插座，再配合相应的电容（或电感）量程，即可进行测量。

7）输入插孔

输入插孔共有 4 个，位于面板右下方。使用时，黑表笔插在公共地"COM"插孔，红表笔应根据被测量的种类和量程不同，分别插在"VΩHz""mA"或"20 A"的插孔内。

8）电池盒

电池盒位于数字式万用表后盖的下方。为便于检修，起过载保护的 0.5 A 快速熔丝管也装在电池盒内。

2. 数字式万用表的使用步骤

（1）使用前应仔细阅读数字式万用表的说明书，熟悉电源开关、功能及量程转换开关、各功能键、输入插孔、专用插口、旋钮及附件的作用。

（2）检查表笔绝缘棒有无裂纹，表笔线的绝缘层是否破损，表笔位置是否插错，以确保操作人员和仪表的安全。

（3）每次准备测量前，必须明确要测量的种类、测量方法，选择合适的测量种类和量程。在拿起表笔开始测量前，要再次核对测量种类、量程开关的位置、插孔位置。若事先无法估计被测电压（电流）的大小，应先用最大量程试测，再选择合适的量程。若最高位显示"1"或"OL"，表明万用表已发生过载现象，应选择更高的量程。

3. 数字式万用表的操作方法

1）测量电压

将黑表笔插入"COM"插孔，红表笔插入"VΩHz"插孔。将转换开关转至"V"挡（见图 3-8），当交直流被测电压大小未知时，应选择最大量程，再逐步减小，直到获得读数。注意不得测量超过交直流电压的最大值。将两表笔_____在被测电路两端，并可靠接触测试点，即显示出被测电压值。如仪表显示"1 或 OL"，表明_____量程范围，须将量程开关转至高一挡。旋转转换开关时，表笔要_____。当测量高电压时，注意避免人体触及高压电路。数字式万用表具有自动转换并显示极性的功能，因此测量直流电压时可不必考虑表笔的接法。

注意事项：注意区别交直流，如果误用直流电压挡测量交流电压，或误用交流电压挡测量直流电压，仪表将显示"000"，或在低位上发生跳数现象。

2）测量电阻（见图3-9）

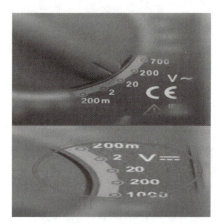

图3-8　数字式万用表电压的测量

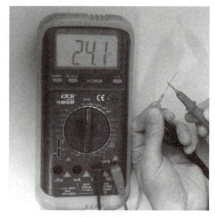

图3-9　数字式万用表电阻的测量

将黑表笔插入"COM"插孔，红表笔插入"＿＿＿＿＿＿"插孔。将转换开关转至"Ω"挡，如果被测电阻大小未知，应选择最大量程，再逐步减小，直到获得分辨率最高的读数。将两表笔跨接在被测电阻两端，即显示被测电阻值。如显示屏显示"1"或"OL"，表明已超过量程范围。当测量电阻超过1 MΩ以上时，读数需几秒时间才能稳定，这在测量高电阻时是正常的，应等显示值稳定后再读数。测量在线路上的电阻时，要确认被测电路中所有电源已切断及所有电容都已完全放电，才可进行。严禁用电阻挡测量电压、直接测量电池的内阻。

3）测试二极管好坏及线路通断

将转换开关转至"⇥·))"挡。将黑表笔插入"COM"插孔，红表笔插入"＿＿＿＿＿＿"插孔。正向测量：将红表笔接到被测二极管正极，黑表笔接二极管负极，此时显示的是二极管的正向电压，若为锗管应显示0.150～0.300 V；硅管应显示0.550～0.700 V。如显示＿＿＿＿＿，表示二极管被击穿；如显示＿＿＿＿＿＿，表示二极管内部开路。反向测量：将红表笔接到被测二极管负极，黑表笔接到二极管正极，显示器应显示＿＿＿＿＿＿＿＿＿＿。完整的二极管测试包括正反向测量，如果测试结果与上述不符，说明二极管是坏的。通断测量：当被测电阻小于70 Ω时，蜂鸣器发声。

4）测量晶体三极管的h_{FE}

将转换开关转至h_{FE}挡。根据所测晶体管为NPN型或PNP型，将发射极、基极、集电极分别插入相应插孔，显示器即显示出被测三极管的h_{FE}值。

5）测量电容

将转换开关转至"F"挡，测量前应将被测电容＿＿＿＿＿＿＿。将被测电容插入"C_X"插座，显示器即显示出被测电容值。测量有极性的电解电容时，电容插座的极性应与被测电容器的极性保持一致。如果事先不知被测电容的大致数值，应选择最大量程，再逐步减小，直到获得分辨率最高的读数。

项目 3　常用电工仪表

3.2　钳形电流表

钳形电流表的使用

引导问题：查找、收集钳形电流表相关资料，并填写在下列空白处。

钳形电流表（见图 3-10）是一种便携式仪表，主要能在不停电的情况下测量交流电流。常用的是互感器式钳形电流表，其由电流互感器和整流系仪表组成，它只能测量交流电流。电磁系仪表可动部分的偏转与电流的极性无关，因此，它可以交直流两用。

图 3-10　钳形电流表

1. 钳形电流表的操作方法

（1）检查钳形电流表有无损坏，指针式钳形电流表指针是否指向零位。如发现没有指向零位，可用小螺丝刀轻轻旋动机械调零旋钮，使指针回到零位上。

（2）检查钳口的开合情况以及钳口面上有无污物。如钳口面有污物，可用溶剂洗净并擦干；如有锈斑，应轻轻擦去锈斑。

（3）将量程选择旋钮置于合适位置，使测量时指针偏转后能停在精确刻度上，以减少测量的误差。在不知负荷电流情况下应将量程切换开关放在最大挡；转换量程应在＿＿＿＿＿＿＿＿＿＿后进行。

（4）紧握钳形电流表把手和扳手，按动扳手打开钳口，将被测线路的一根载流电线置于钳口内＿＿＿＿＿＿位置，再松开扳手使两钳口表面紧紧贴合。进行电流测量时，务必保持钳口完全闭合，否则将不能保证测量精度。

（5）记录测量结果时，将表拿平，然后读数，即测得的电流值。被测电流过小（小于 5 A）时，为了得到较准确的读数，若条件允许，可将被测导线绕几圈后套进钳口进行测量。此时，钳形电流表读数除以钳口内的导线根数，即为实际电流值。

2. 使用注意事项

（1）在电压高于 600 V 回路中测量，会造成电击事故或仪器损坏。

（2）进行电流测量前，取下仪器上所有测试线，避免触及带电导体。

（3）应尽量避开强磁场，以避免强磁场影响测量数据的准确性。

（4）钳口不能完全闭合时，不要强制将其闭合，可打开钳口后重试。若钳口端粘有异物应立即清除。

（5）在任何量程上都必须保证所测电流不要超过此量程的最大允许电流。

（6）测量大电流时钳口可能会发出蜂鸣声，这不是故障，不会影响测量精度。

（7）测量过程中不要带负荷切换量程开关。

（8）测量完成后，应将选择开关置于"OFF"挡，防止电池放电或下次使用时不慎烧毁仪器。

3.3　兆欧表

兆欧表的使用

引导问题：查找、收集兆欧表相关资料，并填写在下列空白处。

兆欧表（见图 3 – 11）大多采用手摇发电机供电，故又称摇表。它的刻度是以兆欧（MΩ）为单位的。它是电工常用的一种测量仪表，主要用来检查电气设备、家用电器或电气线路对地及相间的_____电阻，以保证这些设备、电器和线路工作在正常状态，避免发生触电伤亡及设备损坏等事故。测量前应正确选用兆欧表，使表的额定电压与被测电气设备的额定电压相适应。额定电压 500 V 及以下的电气设备一般选用 500~1 000 V 的兆欧表，500 V 以上的电气设备选用 2 500 V 兆欧表，高压设备选用 2 500~5 000 V 兆欧表。

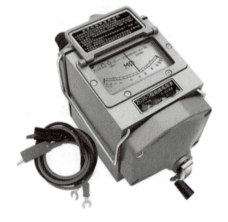

图 3 – 11　兆欧表

兆欧表分为手摇式和电子式兆欧表。电子式兆欧表采用干电池供电，采用 DC/DC 变换技术提升至所需的直流高压电源，且通过自稳压技术使其稳定，由测试端钮输出，电子式兆欧表有电量检测，体积小、重量轻，有模拟指针式和数字显示两种。

1. 兆欧表的操作方法

摇表有三个接线端钮，分别标有 L（线路）、E（接地）和 G（屏蔽）。当测量电力设备对地的绝缘电阻时，应将 L 接到被测设备上，E 可靠接地即可。

（1）测量前必须将被测设备电源切断，并_____。决不能让设备带电进行测量，以保证人身和设备的安全。对可能感应出高压电的设备，必须消除这种可能性后，才能进行测量。

（2）被测物表面要清洁，减少接触电阻，确保测量结果的正确性。

（3）测量前应将兆欧表进行一次_____和_____试验，检查兆欧表是否良好。即在兆欧表接上被测物之前，摇动手柄使发电机达到额定转速（120 r/min），观察指针是否指在标尺的"_____"位置。将接线柱"线（L）和地（E）"短接，缓慢摇动手柄，观察指针是否指在标尺的"_____"位置。如指针不能指到该指的位置，表明兆欧表有故障，应检修后再用。

（4）兆欧表使用时应放在平稳、牢固的地方，且远离大的电流导体和磁场区域。

（5）必须正确接线。其中 L 接在被测物和大地绝缘的导体部分，E 接被测物的外壳或大地，G 接在被测物的屏蔽上或不需要测量的部分。测量绝缘电阻时，一般只用"L"和"E"端，但在测量电缆对地的绝缘电阻或被测设备的漏电流较严重时，就要使用"G"端，并将"G"端接屏蔽层或外壳。线路接好后，可按顺时针方向转动摇把，摇动的速度应由慢而快，当转速达到 120 r/min 左右时，保持匀速转动，1 min 后读数。并且要边摇边读数，不能停下来读数。

2. 使用注意事项

（1）禁止在雷电时或高压设备附近测绝缘电阻，只能在设备不带电，也没有感应电的情况下测量。

（2）摇测过程中，被测设备上不能有人工作。

（3）兆欧表线不能绞在一起，要分开。

（4）兆欧表在停止转动之前或被测设备在_____之前，严禁用手触及。拆线时，也不要触及引线的金属部分。

（5）测量结束时，对于大电容设备要_____。

（6）兆欧表接线柱引出的测量软线绝缘应良好，两根导线之间和导线与地之间应保持适当距离，以免影响测量精度。

（7）为了防止被测设备表面泄漏电阻影响测量值，使用兆欧表时，应将被测设备的中间层（如电缆壳芯之间的内层绝缘物）接于兆欧表屏蔽端。

（8）要定期校验兆欧表准确度。

3.4 接地电阻测试仪

接地电阻测试仪的使用

引导问题：查找、收集接地电阻测试仪相关资料，并填写在下列空白处。

接地电阻测试仪又叫接地摇表（见图 3-12）。比较常见的接地电阻测试仪有指针式或数字式，接地电阻测试仪功能是测量各种装置比如有防雷接地装置的建筑物、构筑物、配电高压输电线路等防雷接地体的接地电阻以及测量低电阻的导体。

图 3-12 接地电阻测试仪

接地电阻测试要求：①交流工作接地，接地电阻不应大于_____Ω。②安全工作接地，接地电阻不应大于 4 Ω。③直流工作接地，接地电阻应按计算机系统具体要求确定。④防雷保护地的接地电阻不应大于 10 Ω。⑤对于屏蔽系统，如果采用联合接地时，接地电阻不应大于 10 Ω。

1. 接地电阻测试仪的操作方法

（1）将接地干线与接地体的连接点或接地干线上所有接地支线的连接点断开，使接地体脱离任何连接关系成为独立体。

（2）将仪器和接地探针擦拭干净（特别是接地探针，一定要将其表面影响导电能力的污垢及锈渍清理干净）。

（3）将仪表机械调零。

（4）将两个接地探针沿接地体辐射方向分别插入距接地体_____m、_____m 的地下，插入深度为 40 cm。

（5）将接地电阻测量仪平放于接地体附近，并进行接线（见图 3 – 13），接线方法如下：

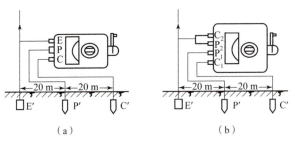

图 3 – 13　接地电阻测试仪接线
(a) 三端钮接地电阻测试仪接线；(b) 四端钮接地电阻测试仪接线

①用最短的专用导线将接地体与接地测量仪的接线端"E"（三端钮的测量仪）或与 C_2、P_2 短接后的公共端（四端钮的测量仪）相连。

②用最长的专用导线将距接地体 40 m 的测量探针（电流探针）与测量仪的接线钮"C_1"相连。

③用余下的长度居中的专用导线将距接地体 20 m 的测量探针（电位探针）与测量仪的接线端"P_1"相连。

（6）使用指针式接地电阻测试仪将仪表量程设置到最大挡位。慢速旋转摇柄，看指针偏向：向大数方向，立即停止测试，检测设备；向小数方向，调节读数旋钮和挡位，直至指针与读数盘中间的粗线重合，且不摆动为止。

（7）加速旋转摇柄至 120 r/min，持续 5 s 左右，如指针在中心位置不摆动，该读数就是准确读数。

（8）测量完成后拆除连接线，恢复接地引线，将拆开杆架式配电变压器接地引下线恢复到拆除前的状态，要求连接可靠、牢固，恢复时戴绝缘手套。清理现场，检查变压器的引下线连接是否牢固，测量仪器和工具是否全部回收并装入专用工具袋中。

2. 使用注意事项

（1）解除和恢复接地引线，均应戴绝缘手套。

（2）严禁用手直接接触与地断开的接地线。
（3）摇动摇柄时作业人员严禁接触接线柱、测试线、接地探针等。
（4）测量时需将被测装置引线与配电变压器断开，以防将测量电压反馈到变压器上引起设备事故。

任务实施：电工仪表的使用

（1）根据仪表使用维护规范及要求，制订电气维修作业过程中，使用仪表测量电气参数的行动计划（填写下表对应的操作要点及注意事项）。

操作流程		
序号	作业项目	操作要点
1	准备工作	
2	使用测量	
3	测量完毕	
作业注意事项		
审核意见	|| 日期： 签字：

（2）请根据作业计划，完成小组成员任务分工，按要求填写下表。

操作人		监护人		记录员	
1. 测量前准备工作					
测量前准备工作					
2. 电压的测量					
测量详细过程					
3. 电流的测量					
测量详细过程					
4. 电动机绕组对地的绝缘电阻测量					
测量详细过程					

续表

5. 架空线路接地电阻的测量	
测量详细过程	
6. 测量完成后的收尾工作	
收尾工作详细过程	

（3）请实训指导教师检查本组作业结果，并针对实训过程出现的问题提出改进措施及建议。

序号	评价标准	评价结果
1	穿戴劳保用品是否到位，是否了解万用表测量范围，工具用具是否准备到位	
2	测量过程中挡位是否合理，量程是否合适，表笔位置是否正确	
3	测量完成后表笔是否复原，万用表量程是否转换到最大挡位，开关是否关闭	
综合评价		
综合评语（改进意见）		

（4）请根据自己在课堂中的实际表现进行自我反思和自我评价。

自我反思	
自我评价	

（5）实训成绩。

项目	评分标准	分值	得分
接收工作任务	明确工作任务，理解任务在工作中的重要程度	5	
收集信息	掌握常用电工仪表使用流程	5	
	掌握常用电工仪表的操作规范及操作要点	10	

续表

项目	评分标准	分值	得分
制订计划	按照仪表使用流程，制订合适的检查作业计划	10	
	能协同小组人员安排任务分工	5	
	能在实施前准备好所需要的工具器材	5	
实施计划	规范进行场地布置	8	
	进行仪表使用前的检测	10	
	能按照工作计划进行正确测量	10	
	对测量结果进行分析并得出结果	10	
	测量完成后对工具仪表进行维护保养	10	
质量检查	完成任务，操作过程规范，具有精益求精的工匠精神	5	
评价反馈	能对自身表现情况进行客观评价	4	
	在任务实施过程中发现自身问题	3	
得分（满分 100 分）			

3.5 企 业 案 例

电工仪表使用不当　开关柜误动作

1. 事故经过

××××年××月××日下午，A电厂4台机组运行。14时23分，中调下令A电厂修改安稳装置保护定值，执行"××电力系统220 kV A电厂执行站运行定值单"，并要求4 h内执行完成，当值值长令一控值班员配合检修部继保人员执行安稳装置保护定值修改工作。

15时30分，当值一控控长安排值班员覃某某和张某配合继保人员工作，覃某某办理了"安稳装置保护检查卡"的电气操作票，张某担任操作人，覃某某担任监护人，两人带着操作票和工具到达I期继保室配合继保人员工作，先应继保人员要求退出了安稳装置保护压板。

15时45分，继保人员完成保护定值修改工作，通知运行人员恢复安稳装置运行，运行值班员覃某某汇报值长陈某某同意后开始恢复退出的安稳装置保护压板，覃某某按操作顺序先恢复各功能压板，再恢复出口压板，当操作至恢复出口压板时，需先测量压板两端对地电压确认保护出口未动作，但覃某某在使用万用表时未检查万用表表笔插孔位置，本应插在万用表电压测量插孔的表笔插在了电流测量插孔，致使在测量出口压板上端电压时，机组跳闸出口回路负极经出口继电器由万用表接地导通，送出了机组跳闸信号。

15时49分02秒，2号机组主开关2202跳闸，机组甩负荷183 MW；随后，15时49分13秒，1号机组主开关2201跳闸，机组甩负荷180 MW。覃某某和张某此时尚未发现异常，继续操作,操作至"6LP2 其他功能切 2 号机组"压板时,检修人员过来告诉他们跳机了,他们才终止了操作。

2. 事故原因分析

(1)操作人员错误使用万用表是造成本次事故的直接原因。A 电厂运行部值班员覃某某在使用万用表测量保护压板两端电压时,仅检查了万用表测量挡位是否在电压挡,未检查万用表表笔插孔位置,未发现测量电压时表笔错误地插在电流测量插孔,致使在测量出口压板上端对地电压时,机组跳闸出口回路负极经出口继电器由万用表接地导通,机组跳闸出口继电器动作,送出了机组跳闸信号。

(2)操作人员没有严格执行操作监护制度,违章操作是造成本次事故的主要原因。操作票上覃某某为监护人、张某为操作人,但实际操作时两人共同操作,覃某某测电压、张某协助投压板,完全丧失了操作监护作用,导致测量仪表使用前未再次核对检查、测量结果不正常也未进行分析,盲目操作酿成事故。

(3)操作人员业务技能低下是造成本次事故的原因。运行值班人员为配合检修人员修改安稳装置保护定值,共退出了 20 多个出口压板,在重新投入出口压板前,需要逐一测量每个压板上下端口的电压,确认电压正常后,再投入压板。保护出口未动作情况下,每个压板上下端口电压分别为 –110 V 和 0 V,而误用测量表笔插错插孔的万用表显示的上下端口电压均为 0 V,但两个操作人员都没有对此异常情况产生怀疑,仍继续操作,直到投入第 6 个出口压板后,附近检修人员前来提醒跳机了,才停止错误操作。如操作人员及时发现压板上端对地电压测量值异常,及时终止操作,则可避免事故扩大。

3. 事故暴露问题

(1)操作人员责任心不强,工作马虎随意。操作人员在使用万用表前未认真核对万用表挡位和表笔连接是否对应,测量出压板上端对地电压异常也未认真思考分析,暴露出当事操作人员对工作极其马虎随意,缺乏责任心。

(2)"两票"制度执行不严格。操作监护制度是防止人为误操作的重要措施,集团公司《发电厂操作票技术规范》对操作票执行过程中的监护要求非常具体,且明令禁止"监护人代替操作人操作",但本次事故中操作人员职责不清,分工不明,严重违反集团公司《发电厂操作票技术规范》要求,"两票"管理存在严重漏洞。

(3)运行值班人员技术能力不足。本次事故的发生也反映出当事操作人员技术能力存在不足。A 电厂运行部今年开展了继电保护相关技术培训并进行了考试,但缺乏相关现场技能培训,培训效果跟踪落实不到位,暴露出 A 电厂运行部在员工技能和专业知识培训方面存在不足。

(4)工器具管理不严谨。本次事故中使用的 FLUKE17B 型号万用表,在表笔插与挡位选择不一致时没有警报音,而 A 电厂运行部配备的另一 FLUKE189 型万用表有表笔插孔错误报警功能,电厂为运行值班人员配备了外观相似,但功能不同的两种万用表,实际使用时会影响操作人员做出正确判断,暴露出 A 电厂工器具管理存在缺陷。

(5)标准操作票存在漏洞。本次事故使用的标准操作票"安稳装置保护检查卡"第 26 点为"安稳装置主柜出口压板,正常时电压是 0 V,出口动作时电压是 220 V,如无说明的压板均退出,除非保护故障或检修,否则应投压板不能退出,压板投退以中调令为准",与运行规程(A 电厂 1 号机辅机运行规程)内容"继电保护装置压板在投入前均应用高内阻电压表分别测量该压板上下端电压正常后方可投入,禁止利用万用表直接测量压板两端的电压差"不一致,也与投入出口压板前测量压板上下端口电压分别为 −110 V 和 0 V 的实际操作要求不相符,可能误导运行操作人员。

(6) 现场设备标识需加强。电厂安稳装置保护柜上备用压板、跳闸压板、保护功能压板标示同种颜色,失灵保护柜也存在同样问题,不足以警示现场操作人员。

4. 事故防范措施

(1) 加强员工责任心教育,落实安全责任。特别要强调运行值班人员安全责任,培养运行操作人员认真、严谨的工作作风。

(2) 加强"两票"管理,严格执行操作监护制度。严格执行集团公司《发电厂操作票技术规范》《发电厂工作票技术规范》,电气操作要严格执行操作监护制度,严格执行唱票、复诵、模拟操作等监护要求,坚决杜绝监护人代替操作人操作现象。

(3) 加强员工技能培训。强化运行人员现场技能培训和实操培训,加强培训效果检查,切实提高员工技能水平。

(4) 完善标准操作票。对标准操作票进行全面梳理、完善,确保标准操作票正确、完整。

(5) 配备保护压板投退专用电压表。各厂应配置继电保护压板投退专用电压表,专门用于测量保护压板电压,无电流挡,高内阻,杜绝误接表笔导致短路的可能。在专用电压表购回前,应将现使用的万用表电流测量插孔进行封堵。

(6) 完善保护压板标识。采用不同的颜色对保护压板进行标识,有利于保护压板的识别,在一定程度上能防止误投、停保护压板,防止误操作事故的发生。通常功能压板采用黄色标识、保护出口(跳闸)压板采用红色标识、备用压板采用白色或本色。

项目 4

常用低压元器件

学习情境描述

观看了电气设备的运行情况,电气设备不仅需要有动力设备,而且需要有一套控制装置,即各类电器,用以实现各种工艺要求。其中工作在交流电压 1 200 V 或直流电压 1 500 V 及以下的电路中,起通断、保护、控制或调节作用的电器产品叫作低压电器。

学习目标

1. 掌握常用低压元器件的种类、结构特点。
2. 掌握常用低压元器件的应用场合。
3. 掌握常用低压元器件的选用及电气符号。
4. 掌握常用低压元器件使用方法及使用过程中的注意事项。
5. 在保证安全的情况下减少电气耗材,培养学生的绿色环保意识。

4.1 接触器

接触器

引导问题:查找、收集接触器相关资料,并填写在下列空白处。

接触器是在工业电中利用线圈流过电流产生_____,从而吸合动铁芯,使触点闭合或断开,以达到控制负载的电器。接触器可快速地切断交流与直流主回路,可频繁地接通与断开大电流,而控制电路,常用于电动机的控制。接触器还具有_____保护作用。接触器控制容量大,适用于频繁操作和远距离控制,是自动控制系统中的重要元件之一。接触器通常分为交流接触器(见图 4-1)和直流接触器。

图 4-1 交流接触器
(a) 电磁式接触器;(b) 线圈;(c) 主触点;(d) 常开触点;(e) 常闭触点

1. 交流接触器的结构（见图 4-2）

电磁机构：由_____、_____、铁芯组成。

触头系统：由_____和_____组成。_____用于通断主电路，_____用于控制电路中。

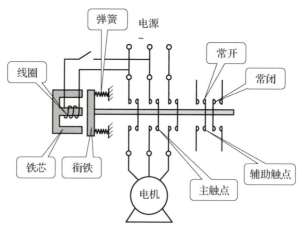

图 4-2 交流接触器的结构示意图

交流接触器主要型号是 CJ 开头，具体型号意义如表 4-1 所示：

表 4-1 交流接触器具体型号意义

型号	频率/Hz	辅助触头额定电流/A	线圈电压/V	主触头额定电流/A	额定电压/V	可控制电动机功率/kW
CJ20-10	50	5	36～127 ～220 ～380	10	380/220	4/2.2
CJ20-16				16	380/220	7.5/4.5
CJ20-100				100	380/220	50/58

2. 交流接触器的选用

接触器的额定电流是指_____的最大允许电流，且安装于敞开的控制板上。如果冷却条件较差，那么接触器的额定电流按负荷额定电流的 1.1～1.2 倍选取。对于长时间工作的电动机，由于其氧化膜没有机会得到清除，使接触电阻增大，导致触点发热超过允许温升。实际选用时，可将接触器的额定电流减小 30% 使用。

3. 交流接触器检测及维护

1）外观检查

清除灰尘，可用棉布蘸少量汽油擦去油污，然后用布擦干。拧紧所有压接导线的螺丝钉，防止松动脱落，引起连接部分发热。

2）接触点系统检查

（1）检查动静触点是否对准，三相是否同时闭合，并调节触点弹簧使三相一致。

（2）摇测相间绝缘电阻值。使用 500 V 兆欧表测相间绝缘电阻值，其相间绝缘电阻值不应低于 10 MΩ。

（3）触点磨损厚度超过 1 mm，或严重烧损、开焊脱落时应更换新件。轻微烧损或接触面发毛、变黑不影响使用,可不予处理;若影响接触,可用小锉磨平打光。

(4) 维修或更换触点后应注意触点开距和行程。

(5) 检查辅助触点动作是否灵活,静触点是否有松动或脱落现象,用万用表测量接触的电阻,发现接触不良且不易修复时,要更换新触点。

3) 铁芯的检查

(1) 用棉纱沾汽油擦拭端面,除去油污或灰尘等。

(2) 检查各缓冲件是否齐全,位置是否正确。

(3) 检查铆钉有无断裂,导致铁芯端面松散的情况。

(4) 检查短路环有无脱落或断裂,特别要注意隐裂。如有断裂或造成严重噪声,应更换短路环或铁芯。

(5) 检查电磁铁吸合是否良好,有无错位现象。

4) 电磁线圈的检查

(1) 交流接触器的线圈在电源电压为线圈额定电压的85%~105%时,应能可靠工作。

(2) 检查电磁线圈有无过热,线圈过热反映在外表层老化、变色。线圈过热一般是由匝间短路造成的,此时可测其阻值与同类线圈比较,不能修复则应更换。

(3) 检查引线和插接件有无开焊或将要断开的情况。

(4) 检查线圈骨架有无裂纹、磨损或固定不正常的情况,如发现应及时固定或更换。

4.2 继 电 器

引导问题:查找、收集继电器相关资料,并填写在下列空白处。

继电器是一种利用电流、电压、时间、速度等信号的变化来接通或断开所控制的电路,以实现自动控制或完成保护任务的自动电器。继电器类型有中间继电器、电压继电器、电流继电器、时间继电器、速度继电器等。

4.2.1 中间继电器

1. 中间继电器的结构

中间继电器(见图4-3)的结构和原理与交流接触器基本相同,它们的主要区别是接触器的主触点可以通过大电流,而中间继电器的触点,只能通过小电流。因此中间继电器只能用于_____电路中。它没有主触点,只有辅助触点,过载能力较小。

请写出中间继电器元器件文字符号及图形符号。

_____

_____

2. 中间继电器的用途

当其他电器的触头对数不够用时,可借助中间继电器来扩展它们的触头数量(见图4-4),也可以实现触点通电容量的扩展。

图 4 – 3　中间继电器

时间继电器

4.2.2　时间继电器

时间继电器（见图 4 – 5）是一种用来实现触点延时接通或断开的控制电器，按其动作原理与构造不同，可分为电磁式、空气阻尼式、电动式和电子式等类型。

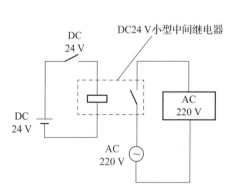

图 4 – 4　中间继电器触点扩容

图 4 – 5　时间继电器

选用时间继电器时应注意：其线圈（或电源）的电流种类和电压等级应与控制电路相同；按控制要求选择延时方式和触点形式；校对触点数量和容量，若不够时，可用中间继电器进行扩展。时间继电器按延时方式可分为通电延时型和断电延时型时间继电器。

（1）通电延时型（动作延时）：继电器接收输入信号后_____，输出信号才发生变化。当输入信号消失后，_____。

（2）断电延时型（释放延时）：继电器接收输入，瞬时产生相应的输出信号；当输入信号消失后，_____。

请根据图形符号写出对应的元器件名称。

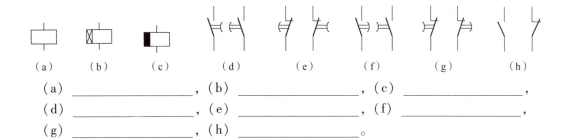

(a) _____, (b) _____, (c) _____,
(d) _____, (e) _____, (f) _____,
(g) _____, (h) _____。

4.2.3 速度继电器

速度继电器（见图4-6）是用来反映转速与转向变化的继电器，它可以按照被控电动机转速的大小使控制电路接通或断开。速度继电器通常与接触器配合，实现对电动机的反接制动。

1. 速度继电器的结构（见图4-7）

速度继电器主要由转子、转轴、定子、绕组、摆杆、触点和簧片部分组成。转子是一个圆柱形永久磁铁，定子是一个笼形空心圆环，并装有笼形绕组。

图4-6 速度继电器

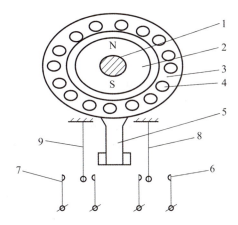

图4-7 速度继电器的结构

1—转轴；2—转子；3—定子；4—绕组；5—摆杆；6，7—触点；8，9—簧片

2. 工作原理

速度继电器的转轴和电动机的轴通过联轴器相连，当电动机转动时，速度继电器的转子随之转动，定子内的绕组便切割磁力线，产生感应电流，此电流与转子磁场作用产生转矩，使定子随转子方向开始转动。电动机转速达到某一值时，产生的转矩能使定子转到一定角度，使摆杆推动触点动作；当电动机转速低于某一值或停转时，定子产生的转矩会减小或消失，触点在弹簧的作用下复位。

速度继电器有两组触点（每组各有一对常开触点和常闭触点），可分别控制电动机正、反转反接制动。通常当速度继电器转轴的转速达到_____r/min时，触头即动作；转速低于_____r/min时，触头即复位。速度继电器图形文字符号如图4-8所示。

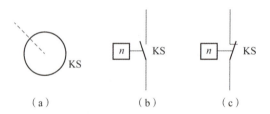

图4-8 速度继电器图形文字符号
(a) 转子；(b) 常开触点；(c) 常闭触点

速度继电器主要根据电动机的额定转速来选择。使用时，速度继电器的转轴应与电动机同轴连接；安装接线时，正反向的触点不能接错，否则不能起到反接制动时接通和断开反向电源的作用。

4.3 保护电器

保护电器

4.3.1 热继电器

引导问题1：查找、收集热继电器相关资料，并填写在下列空白处。

热继电器（见图4-9）是用于防止线路或电气设备长时间_____的保护电器。它适用于电动机的过载保护，电动机在实际运行中，常会遇到过载情况，但只要过载不严重、时间短，绕组不超过允许的温升，这种过载是允许的。如果过载情况严重、时间长，则会加速电动机绝缘的老化，缩短电动机的使用年限，甚至烧毁电动机，因此，常用热继电器对电动机进行过载保护。有的热继电器还可以作为电动机的断相保护及短路保护。

图4-9 热继电器

1. 工作原理

热继电器中的关键零件是热元件，热元件是由两种热膨胀系数不同的金属片铆接在一起而制成的，又叫双金属片（铁镍合金）。它受热后，两片金属皆要膨胀，但一片膨胀得快，另一片膨胀得慢，当双金属片受热时，会出现弯曲变形，形成一个弧线，外弧是膨胀得快的金属片，内弧则是膨胀得慢的金属片。

电流是有热效应的，因此，让电流直接流过双金属片，使之发热，这叫直热式；还可以让电流通过的导体靠近双金属片，当电流使导体发热后，烘烤着双金属片，使它受热，这种方式叫间热式。使用时，把热元件串接于电动机的主电路中，而常闭触点串接于电动机的控制电路中，当电动机正常运行时，热元件产生的热量虽能使双金属片弯曲，但还不足以使热继电器的触点动作；当电动机过载时，双金属片弯曲位移增大，推动导板使常闭触点断开，从而切断电动机控制电路以起保护作用。热继电器动作后一般不能自动复位，要等双金属片冷却后按下复位按钮复位。

2. 请绘制出热继电器的图形符号和文字符号

_____

_____

3. 定值调整

在热继电器上面有一调节旋钮，上有定值电流刻度，旋钮的长轴通到热继电器内部与联动触点装置的触发机构相连，转动该旋钮就能改变触发装置的动作条件，从而改变热继电器的动作整定值。

热元件受热弯曲，推动触发装置使热继电器动作后，控制回路电流被切断了。双金属片一边散热一边恢复原状，这是需要时间的，热继电器的复位有两种方式，即手动和自动。手动复位一般不小于 2 min，自动复位不大于 5 min。

4. 主要型号及技术参数

常用的热继电器有：JR0、JR2、JR9、JR10、JR15、JR16、JR20、JR36 等几个系列，JR36 – 20/3 型号的主要参数如表 4 – 2 所示。

表 4 – 2　JR36 – 20/3 型号的主要参数

型号	额定电流/A	热元件规格	
		额定电流/A	电流调节范围/A
JR36 – 20/3	20	0.35	0.25 ~ 0.35
		0.5	0.32 ~ 0.5
		1.6	1.0 ~ 1.6
		5.0	3.2 ~ 5.0
		11.0	6.8 ~ 11
		22	14 ~ 22

4.3.2 熔断器

引导问题 2：查找、收集熔断器相关资料，填写在下列空白处。

熔断器（见图 4-10）是电网和用电设备的安全保护电器之一，是用来进行_____保护的器件。当通过熔断器的电流大于一定值（通常是熔断器的熔断电流）时，熔断器能依靠自身产生的热量，使特制的金属（熔体）熔化而自动分断电路。

1. 熔断器的结构

熔断器由熔体和支持件构成。

熔体：熔体材料通常有两种，一种是由铅锡合金、锌等低熔点的金属制成，这种熔体不易灭弧，多用于小电流电路；另一种是由银、铜等较高熔点的金属制成，易于灭弧，多用于大电流电路。

支持件：是指放置熔体的绝缘管或绝缘底座，通过支持件把熔体和外电路联系起来。

2. 熔断器的种类

熔断器有插入式、螺旋式、封闭管式和自复式等类型。

1）插入式熔断器（见图 4-11）

插入式熔断器主要应用于额定电压 380 V 以下的电路末端，作为供配电系统中对导线和电气设备（如电动机、负荷电器）以及 220 V 单相电路（例如民用照明电路及电气设备）的短路保护电器。

图 4-10 熔断器

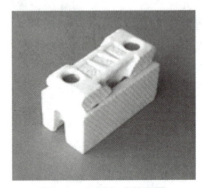

图 4-11 插入式熔断器

2）螺旋式熔断器（见图 4-12）

螺旋式熔断器主要应用于交流电压 380 V 电流强度 200 A 以内的电力线路和用电设备中的短路保护，特别是在机床电路中应用得比较广泛。

3）封闭管式熔断器（见图 4-13）

封闭管式熔断器又分为无填料和有填料封闭管式熔断器。

无填料封闭管式熔断器主要应用于经常发生过载和断路故障的电路中，作为低压电力线路或者成套配电装置的连续过载及短路保护。

有填料封闭管式熔断器是在熔断管内添加灭弧介质后的一种封闭式管状熔断器。

图 4-12 螺旋式熔断器

图 4-13 封闭管式熔断器

4）自复式熔断器（见图 4-14）

自复式熔断器在故障短路电流产生的高温下，其中的局部液态金属钠迅速气化而蒸发，阻值剧增，即瞬间呈现高阻状态，从而限制了短路电流。当故障消失后，温度下降，金属钠蒸气冷却并凝结，自动恢复至原来的导电状态。用于交流 380 V 的电路中与断路器配合使用。熔断器的电流有 100 A、200 A、400 A、600 A 四个等级。

图 4-14 自复式熔断器

3. 熔断器的选用

根据使用环境、负载性质和短路电流的大小选用适当类型的熔断器。熔断器的额定电压必须等于或大于线路的额定电压。熔断器的额定电流必须等于或大于所装熔体的额定电流。

（1）对照明和电热等的短路保护，熔体的额定电流应等于或稍大于负载的额定电流。

（2）对一台不经常启动且启动时间不长的电动机的短路保护，应有：$I_{RN} \geq (1.5 \sim 2.5) I_N$

（3）对多台电动机的短路保护，应有：$I_{RN} \geq (1.5 \sim 2.5) I_{Nmax} + \sum I_N$

4. 熔断器的安装

（1）安装前应检查所安装的熔断器的型号、额定电流、额定电压、额定分断能力、所配装的熔体的额定电流等参数是否符合被保护电路所规定的要求。

（2）安装时应保证熔断器的接触刀或者接触帽与其相对应的接触片、夹接触良好，以避免因接触不良产生较大的接触电阻或者接触电弧，造成温度升高而引起熔断器的误动作和周围电器元件的损坏。

（3）定期检修设备时，对已损坏的熔断器应及时更换同一型号的熔断器。

5. 熔断器的常见故障及处理方法

（1）电路接通瞬间，熔体瞬间熔断，分析可能的原因及处理办法。
_____
_____
_____
_____

（2）熔体未熔断，但电路不通，分析可能的原因及处理办法。
_____
_____
_____
_____

4.3.3 断路器

引导问题：查找、收集断路器相关资料，并填写在下列空白处。

低压断路器又叫自动空气开关（见图 4 – 15），是一种既有手动开关作用，又能自动进行_____、_____、_____和_____保护的电器，有效地保护串接于它后面的电气设备，还可用于不频繁地接通、分断负荷的电路，控制小型电动机的运行和停止。低压断路器由触点系统、灭弧装置、保护装置和传动机构组成。

 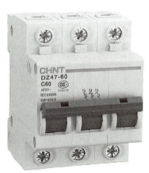

图 4 – 15　低压断路器

请绘制出断路器的文字符号和图形符号。
_____
_____

1. 断路器的分类

按结构型式可分为塑壳式、万能式、限流式、直流快速式、灭磁式、漏电保护式。
按操作方式分为人力操作式、动力操作式、储能操作式。
按极数分为单极、二极、三极、四极式。
按安装方式又可分为固定式、插入式、抽屉式。

2. 低压断路器的选用

额定电流在 600 A 以下，且短路电流不大时，可选用塑壳式断路器；额定电流较大，短路电流亦较大时，应选用万能式断路器。

一般选用原则如下：

（1）断路器额定电流≥负载工作电流；

（2）断路器额定电压≥电源和负载的额定电压；

（3）断路器脱扣器额定电流≥负载工作电流；

（4）断路器极限通断能力≥电路最大短路电流。

3. 低压断路器的安装与使用

（1）低压断路器应_____安装，电源线应接在_____端，负载接在_____端。低压断路器应定期检修，清除断路器上的积尘，给操作机构添加润滑剂。

（2）各脱扣器的动作值调整好后，不允许随意变动，并应定期检查各脱扣器的动作值是否满足要求。

（3）断路器的触头使用一定次数或分断短路电流后，应及时检查触头系统，如果触头表面有毛刺、颗粒等，应及时维修或更换。

4.4 主令电器

主令电器

4.4.1 按钮

引导问题：查找、收集按钮相关资料，并填写在下列空白处。

按钮（见图4-16）是指利用按钮推动传动机构，使动触点与静触点接通或断开并实现电路换接的开关。按钮是一种结构简单，应用十分广泛的主令电器。在电气自动控制电路中，用于手动发出控制信号以控制接触器、继电器、电磁起动器等。

图4-16 按钮

请根据图4-17写出按钮的名称。

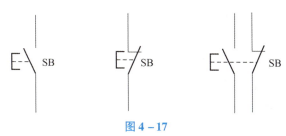

图4-17

小提示

复合按钮结构如图4-18所示，当按下按钮帽时，动触头向下运动，使常闭触头先断开后，常开触头才闭合；当松开按钮帽时，则常开触头先分断复位后，常闭触头再闭合复位。

按钮的选择：应根据使用场合、控制电路所需触点数目及按钮颜色等要求选用。一般用红色表示_____，绿色表示_____，黑色表示_____，蓝色表示复位。另外还有黄、白等颜色，供不同场合使用。

4.4.2 行程开关

行程开关（见图4-19）是位置开关（又称限位开关）的一种，是一种常用的小电流主令电器。利用生产机械运动部件的碰撞使其触头动作来实现接通或分断控制电路，达到一定的控制目的。通常，这类开关被用来限制机械运动的位置或行程，使运动机械按一定位置或行程自动停止、反向运动、变速运动或自动往返运动等。

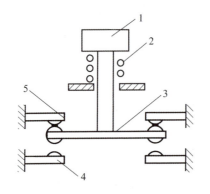

图4-18 复合按钮结构
1—按钮帽；2—复位弹簧；3—动触头；
4—常开静触头；5—常闭静触头

图4-19 行程开关

1. 行程开关的结构（见图4-20）

行程开关及其基本结构大体相同，都是由顶杆、触头系统和外壳组成，图4-21为行程开关文字图形符号。

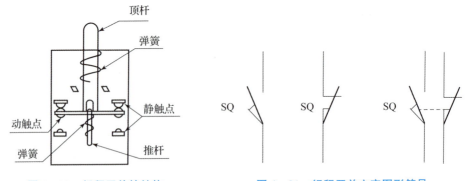

图4-20 行程开关的结构　　　　　图4-21 行程开关文字图形符号

2. 工作原理

行程开关工作原理同按钮类似，当外界运动部件上的撞块碰压按钮使其触头动作，当运动部件离开后，在弹簧作用下，其触头自动复位。

项目 4 常用低压元器件

任务实施：交流接触器拆装及检修

（1）根据交流接触器拆装及检修规范和要求，制订电气维修作业过程中，交流接触器拆装及检修的行动计划（填写下表对应的操作要点及注意事项）。

操作流程		
序号	作业项目	操作要点
1	交流接触器的拆卸	
2	交流接触器的检修	
3	交流接触器的安装	
作业注意事项		
审核意见		日期： 签字：

（2）请根据作业计划，完成小组成员任务分工，按要求填写下表。

操作人		记录员、监护人	
1. 交流接触器的拆卸			
拆卸详细过程			
2. 交流接触器的检修			
检修详细过程			
3. 交流接触器的安装			
安装详细过程			

（3）请实训指导教师检查本组作业结果，并针对实训过程出现的问题提出改进措施及建议。

序号	评价标准	评价结果
1	按规定拆解交流接触器，仔细保留好各个零部件和螺丝钉	

续表

序号	评价标准	评价结果
2	检修接触器的各个部件	
3	按规定安装交流接触器，仔细把每个零部件和螺丝钉安装到位	
综合评价		
综合评语（改进意见）		

（4）请根据自己在课堂中的实际表现进行自我反思和自我评价。

自我反思	
自我评价	

（5）实训成绩。

项目	评分标准	分值	得分
接收工作任务	明确工作任务，理解任务在企业工作中的重要程度	5	
收集信息	掌握交流接触器拆装及检修相关知识	10	
制订计划	按照拆装及检修的流程，制订合适的检查作业计划	10	
	能协同小组人员安排任务分工	5	
	能在实施前准备好需要的工具器材	5	
实施计划	规范进行场地布置及情景模拟	8	
	交流接触器拆卸完成情况	10	
	交流接触器检修完成情况	10	
	交流接触器安装完成情况	10	
	对作业场地进行收尾工作	10	
质量检查	完成任务，操作过程规范，在保证安全的情况下减少电气耗材，培养绿色环保意识	10	
评价反馈	能对自身表现情况进行客观评价	4	
	在任务实施过程中发现自身问题	3	
得分（满分100分）			

4.5 企 业 案 例

电器元件选型不当　引发电气火灾

1. 事故经过

xxxx 年 3 月 11 日 14 时 10 分，某市一民营加油站发生由配电盘老化、电气元件选用不当导致的起火事故，事故造成直接经济损失 3 500 余元。该民营加油站使用的交流接触器触头容量小，热继电器不动作，电线发热老化自燃起火，当时配电房内还堆放着站内的一些杂物。此时值班站经理赵某在隔壁的办公室听到配电间的异常响声，立即到配件间巡视，发现起火后即时使用干粉灭火器进行扑救，同时站内员工李某和张某赶来灭火，一个移除配电间的杂物，一个灭火，此次扑救耗用 8 kg 干粉灭火器 4 台，成功灭火。

2. 事故原因分析

（1）配电柜等电气元件超负荷运行，热继电器整定值过大，老化电源线和接线盒未及时更新。

（2）配电室内存放了杂物，不但不利于扑救，而且这些杂物还成了助燃物，影响火灾的扑救。

3. 火灾扑救注意事项

（1）电气火灾要使用专用灭火器扑救，不可用水进行扑救。

（2）火灾扑灭后要切断电源进行检查，查看有无潜在火险隐患。

4. 事故防范措施

（1）依据《汽车加油加气站设计与施工规范》要求，逐站对防爆电气进行全面安全检查，发现事故隐患及有可能诱发事故的因素要及时上报维修。

（2）按"谁主管，谁负责"的原则，实行责任到人，按级负责制。把重点防护区域内的责任分解到站内的员工身上，明确管理职责；并对防爆电气制定切实可行的定期检修保养制度，实施"零故障管理"，确保其设备设施完好率达 100%。

项目 5

导线的基本知识

学习情境描述

导线连接是电工作业的一项基本工序，也是一项十分重要的工序。在低压系统中，导线连接点是故障率最高的部位，导线连接的质量直接关系到整个线路能否安全可靠长期稳定地运行。2004 年 4 月 8 日 11 时，某农村家庭发生火灾。在家中无人的半个小时内，大火几乎将四间房屋烧成了灰烬。经过现场勘查和分析，是导线连接头制作不达标，接触电阻大致使电线接头处发热从而导致的火灾。电气作业时对导线连接的基本要求是：连接牢固可靠、接头电阻小、机械强度高、耐腐蚀耐氧化、电气绝缘性能好。

学习目标

1. 掌握常规导线绝缘层的剖削方法。
2. 掌握常规导线的连接方式。
3. 掌握导线的绝缘恢复。
4. 学生要时刻注意用电安全，养成安全用电观念。

5.1 导线的颜色标志

导线的颜色标志

引导问题：查找、收集导线颜色相关资料，并填写在下列空白处。
请补充完善表 5–1。

表 5–1 电路种类及导线颜色

	电路种类	导线颜色
交流电源线	相线 A	
	相线 B	
	相线 C	
	零线或中性线	
	安全用的接地线	
	直流电路的正极	
	直流电路的负极	

5.2 导线绝缘层的剖削

导线绝缘层的剖削

引导问题：查找、收集导线绝缘层的剖削相关资料，并填写在下列空白处。

（1）对于截面积不大于 6 mm^2 的导线的剖削，一般用剥线钳进行，剖削的方法和步骤如下：

①根据所需线头长度用剥线钳相应刀口切割绝缘层，注意相对应的刀口，不可损伤_____。

②接着用左手抓牢电线，右手握住剥线钳用力向外拉动，即可剖下绝缘层。剥线钳的使用如图 5-1 所示。

剖削完成后，应检查线芯是否完整无损，如损伤较大，应_____。

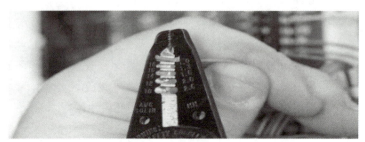

图 5-1 剥线钳的使用

（2）对于截面积大于 6 mm^2 的导线，可用_____来剖削绝缘层。其方法和步骤如下：

①根据所需线头长度用电工刀以约_____倾斜切入绝缘层，注意用力适度，避免损伤芯线。

②然后使刀面与芯线保持_____角左右，用力向线端推削，在此过程中应避免电工刀切入导线_____，只削去上面一层塑料绝缘。

③最后将绝缘层向后翻起，用电工刀齐根切去。电工刀的使用如图 5-2 所示。

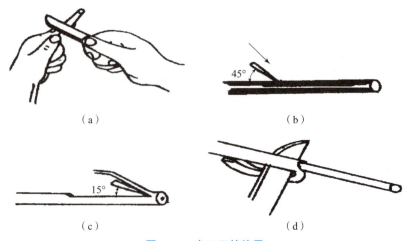

图 5-2 电工刀的使用

(a) 握刀姿势；(b) 刀以 45°倾斜切入；(c) 刀以 15°倾斜推削；(d) 扳转塑料层并在根部切去

5.3 导线的连接

导线的连接

5.3.1 单股铜芯导线的一字型连接

(1) 先使两导线芯线线头成 X 型相交。
(2) 互相绞合 2~3 圈后扳直两线头。
(3) 将每个线头在另一芯线上紧贴并绕 6 圈,用钢丝钳切去余下的芯线,并钳平芯线末端,具体如图 5-3 所示。

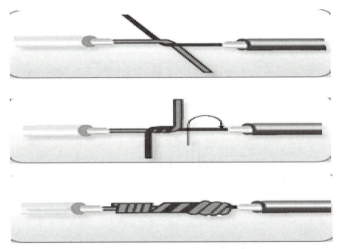

图 5-3 单股铜芯导线的一字型连接

5.3.2 单股铜芯导线的 T 字型连接

(1) 将支路芯线的线头与干线芯线十字相交,使支线芯线根部留出约 3 mm 后在干线缠绕一圈,再环绕成结状,收紧线端向干线并绕 6~8 圈剪去余线。
(2) 小截面的芯线可以不打结,具体如图 5-4 所示。

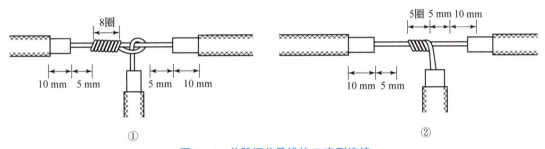

图 5-4 单股铜芯导线的 T 字型连接

5.3.3 双股线的对接

将两根双芯线线头剖削成图示中的形式。连接时,将两根待连接的线头中颜色一致的芯线按小截面直线连接方式连接。用相同的方法将另一颜色的芯线连接在一起。注意连接时两线头要_____连接,具体如图 5-5 所示。

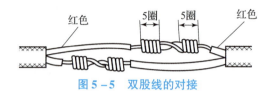

图 5-5 双股线的对接

5.3.4 不等径单芯导线的对接或等径多芯线和单芯线连接

把细导线线头(多芯线线头)在粗导线(单芯线)线头上紧密缠绕 5~6 圈,弯折粗线头端(单芯线线头)部,使它压在缠绕层上,再把细线头(多芯线)缠绕 3~4 圈,剪去余端,钳平切口,具体如图 5-6 所示。

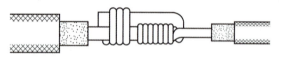

图 5-6 不等径单芯导线的对接或等径多芯线和单芯线连接

5.3.5 多股铜芯导线的直线连接(以 7 股铜芯线为例)

多股铜芯导线的直线连接步骤如下(见图 5-7):

(1)先将剥去绝缘层的芯线头散开并拉直,再把靠近绝缘层 1/3 线段的芯线绞紧,然后把余下的 2/3 芯线头分散成伞状,并将每根芯线拉直。

(2)把两伞骨状线端隔根对叉,必须相对插到底。

(3)捏平叉入后的两侧所有芯线,并应理直每股芯线和使每股芯线的间隔均匀;同时用钢丝钳钳紧叉口处,消除空隙。

(4)先在一端把邻近两股芯线在距叉口中线约 3 根单股芯线直径宽度处折起,并形成 90°。

(5)接着把这两股芯线按顺时针方向紧缠 2 圈后,再折回 90° 并平卧在折起前的轴线位置上。

(6)接着把处于紧挨平卧前邻近的 2 根芯线折成 90°,并按步骤(5)方法加工。

(7)把余下的 3 根芯线按步骤(5)方法缠绕至第 2 圈时,把前 4 根芯线在根部分别切断,并钳平;接着把 3 根芯线缠足 3 圈,然后剪去余端,钳平切口不留毛刺。

(8)另一侧按步骤(4)~(7)方法进行加工。

项目 5　导线的基本知识

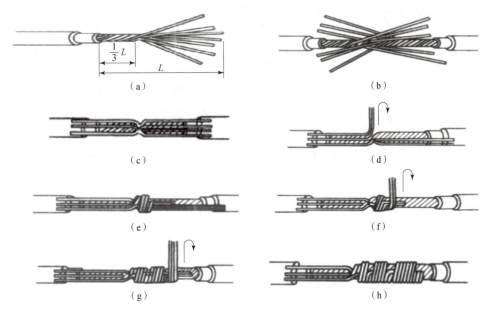

图 5-7　多股铜芯导线的直线连接

(a) 部分芯线散成伞状；(b) 线头隔根对叉；(c) 放平对叉的线头；(d) 扳起一组缠绕 2 圈；(e) 向右平直一组线头；(f) 扳起第二组缠绕 2 圈后向右平直；(g) 扳起第三组缠绕；(h) 去除多余线头并钳平

5.3.6　多股铜芯导线的 T 字型连接（以 7 股铜芯线为例）

多股铜芯导线的 T 字型连接步骤如下（见图 5-8）：

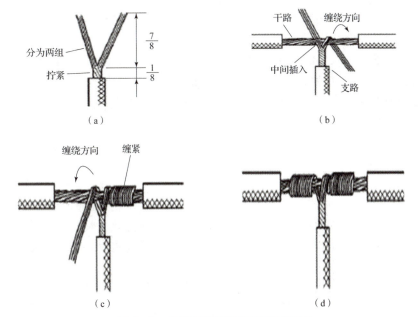

图 5-8　多股铜芯导线的 T 字型连接

(a) 芯线分组，拧紧；(b) 支线芯线插入干线中间；(c) 紧紧缠绕芯线；(d) 钳平线端

67

(1)将分支芯线散开并拉直,再把紧靠绝缘层 1/8 线段的芯线绞紧,把剩余 7/8 的芯线分成两组,一组 4 根,另一组 3 根,排齐。

(2)用平口起子把干线的芯线撬开分为两组,再把支线中 4 根芯线的一组插入干线芯线中间,而把 3 根芯线的一组放在干线芯线的前面。

(3)把 3 根芯线的一组在干线右边按顺时针方向紧紧缠绕 3~4 圈,并钳平线端;把 4 根芯线的一组在干线的左边按逆时针方向缠绕 4~5 圈,钳平线端。

5.3.7 单芯线与多芯线的 T 字型连接

单芯线与多芯线的 T 字型连接步骤如下(见图 5-9):

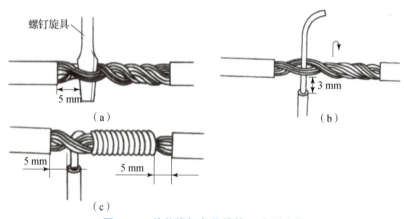

图 5-9 单芯线与多芯线的 T 字型连接
(a)多股芯线分成两组;(b)单股芯线插入多股芯线中间;(c)单股芯线紧缠在多股芯线上

(1)在离多股线的左端绝缘层口 3~5 mm 处的芯线上,用螺丝刀把多股芯线分成较均匀的两组。

(2)把单股芯线插入多股芯线的两组芯线中间,但单股芯线不可插到底,应使绝缘层切口离多股芯线约 3 mm 的距离。接着用钢丝钳把多股芯线的插缝钳平钳紧。

(3)把单股芯线按顺时针方向紧缠在多股芯线上,应使每圈紧挨密排,绕足 10 圈;然后切断余端,钳平切口毛刺。

5.3.8 紧压连接

紧压连接是指用铜或铝套管套在被连接的芯线上,再用压钳压紧套管使芯线保持连接。铜导线(一般是较粗的铜导线)和铝导线都可以采用紧压连接,铜导线的连接应采用铜套管,铝导线的连接应采用铝套管。紧压连接前应先清除导线芯线表面和压接套管内壁上的氧化层和污物,以确保接触良好。

铝导线虽然也可采用绞合连接,但铝芯线的表面极易氧化,日久将造成线路故障,因此铝导线通常采用紧压连接。具体步骤如下(见图 5-10):

(1)接线前,先选好合适的压接管,清除线头表面和压接管内壁上的氧化层和污物,涂上中性凡士林。

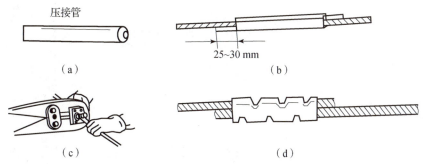

图 5-10 紧压连接

(a) 压接管；(b) 导线插入压接管；(c) 压接；(d) 压接后的铝线接头

(2) 将两根线头相对插入并穿出压接管，使两线端各自伸出压接管 25~30 mm。

(3) 用压接钳压接。如果压接钢芯铝绞线，则应在两根芯线之间垫上一层铝质垫片。压接钳在压接管上的压坑数目，室内线头通常为 3 个，室外通常为 6 个。

5.3.9 铜铝导线连接

需要将铜导线与铝导线进行连接时，必须采取防止电化腐蚀的措施。因为铜和铝的标准电极电位不一样，如果将铜导线与铝导线直接绞接或压接，在其接触面将发生电化腐蚀，引起接触电阻增大而过热，造成线路故障。

(1) 铜铝导线连接可采用铜铝连接套管。铜铝连接套管的一端是铜质，另一端是铝质。使用时将铜导线的芯线插入套管的铜端，将铝导线的芯线插入套管的铝端（见图 5-11）。

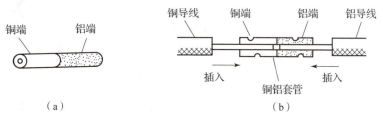

图 5-11 铜铝导线连接（采用铜铝连接套管）

(a) 铜铝套管；(b) 铜、铝导线插入对应端

(2) 将铜导线镀锡后采用铝套管连接。由于锡与铝的标准电极电位相差较小。具体做法是先在铜导线的芯线上镀上一层锡，再将镀锡铜芯线插入铝套管的一端，铝导线的芯线插入该套管的另一端，最后压紧套管即可（见图 5-12）。

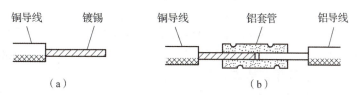

图 5-12 铜铝导线连接（铜导线镀锡后采用铝套管连接）

(a) 铜导线镀锡；(b) 将导线插入铝套管

5.4 导线的绝缘恢复

导线的
绝缘恢复

5.4.1 绝缘材料

绝缘材料是在允许电压下不导电的材料，主要作用是隔离带电的或不同电位的导体，使电流能按预定的方向流动。绝缘材料包括气体绝缘材料、液体绝缘材料和固体绝缘材料。

1. 气体绝缘材料

通常情况下，常温常压下的干燥气体均有良好的绝缘性能。作为绝缘材料的气体电介质，还需要满足物理、化学性能及经济性方面的要求。空气及六氟化硫（SF_6）气体是常用的气体绝缘材料。

空气有良好的绝缘性能，击穿后其绝缘性能可瞬时自动恢复，电气物理性能稳定、来源极其丰富、应用面比较广。但空气的击穿电压相对较低，电极尖锐、距离近、电压波形陡、温度高、湿度大等因素均可降低空气的击穿电压，常采用压缩空气或抽真空的方法来提高空气的击穿电压。

六氟化硫气体是一种不燃不爆、无色无味的惰性气体，它具有良好的绝缘性能和灭弧能力，远高于空气，在高压电器中得到了广泛应用。六氟化硫气体还具有优异的热稳定性和化学稳定性，但在 600 ℃ 以上的高温作用下，六氟化硫气体会发生分解，产生有毒物质。

2. 液体绝缘材料

绝缘油有天然矿物油、天然植物油和合成油。天然矿物油应用广泛，它是从石油原油中经过不同程度的精制提炼而得到的一种中性液体，呈金黄色，具有很好的化学稳定性，主要应用于电力变压器、少油断路器、高压电缆、油浸式电容器等设备。

3. 固体绝缘材料

固体绝缘材料的种类很多，其绝缘性能优良，在电力系统中的应用很广。常用的固体绝缘材料有：绝缘漆、绝缘胶、纤维制品、橡胶、塑料及其制品、玻璃、陶瓷制品、云母、石棉及其制品等。

5.4.2 导线的绝缘恢复

导线连接处的绝缘层已被去除。导线连接完成后，必须对所有绝缘层已被去除的部位进行绝缘处理，以恢复导线的绝缘性能，恢复后的绝缘强度应不低于导线原有的绝缘强度。导线连接处的绝缘处理通常采用绝缘胶带进行缠裹包扎。一般电工常用的绝缘带有黄蜡带、绝缘黑胶带、PVC 胶带、高压自粘胶带等。

1. 电工常用的绝缘带

1）黄蜡带（见图 5-13）

黄蜡带适合在电机、电器及在变压器油中使用，黄蜡带具有防潮带绝缘功能，主要用于潮湿环境下的电线连接处理工艺。施工方法：在导线连接处包裹黄蜡带，外层包裹绝缘胶布或绝缘自粘带，视绝缘防潮环境要求高低不同而采用不同的外包裹层。

2) 绝缘黑胶带（见图 5-14）

绝缘黑胶带常用于电线电缆接头的绝缘防护，以棉布为基材，压延制成，具有良好的绝缘性和缠绕性，价格低廉，耐老化，但由于绝缘黑胶带没有阻燃和防水的功能。加上 PVC 胶带的发明运用，它已经逐渐被替代。

3) PVC 胶带（见图 5-15）

PVC 胶带是现如今较为常见且使用最为广泛的一种，它是以聚氯乙烯（PVC）薄膜为基材，由压敏胶粘剂均匀涂在 PVC 膜上制成的，具有绝缘耐压、阻燃等特点，适用于电线缠绕。同时，PVC 胶带不像绝缘黑胶带那么单调，有各种颜色。

图 5-13　黄蜡带　　　　图 5-14　绝缘黑胶带　　　　图 5-15　PVC 胶带

4) 高压自粘胶带（见图 5-16）

高压自粘带是由橡胶、油、钙粉延压而成，具有自黏性好、延展性好、包扎后与绝缘层融为一体、密封性强等特点，最高可耐 150 ℃ 的高温，一般应用于等级比较高的电压上，主要适用于电线电缆接头的绝缘密封防水。高压自粘胶带由于良好的延展性，在防水、绝缘方面的表现比绝缘黑胶布和 PVC 电气阻燃胶带都更加出色，因而也常常被用在低压领域，但高压自粘胶带的强度又比不上 PVC 电气阻燃胶带，所以在很多情况下，二者配合使用，才能达到更好的效果。

高压自粘胶带使用方法（见图 5-17）：

①撕开隔离膜。②拉伸高压自粘胶带。③在拉伸的状态下缠绕导体。④缠绕完成后外层再缠绕 PVC 胶带以增强机械保护。

图 5-16　高压自粘胶带

图 5-17　高压自粘胶带使用方法

2. 绝缘带的包缠方法

将黄蜡带从接头左边绝缘完好的绝缘层上开始包缠，包缠两圈后进入剥除了绝缘层的芯线部分。线头另一端也同样包入完整绝缘层两个带宽的距离。

包缠时黄蜡带应与导线成55°左右倾斜角，每圈压叠带宽的1/2，直至包缠到接头右边两圈距离的完好绝缘层处。然后将黑胶带接在黄蜡带的尾端，按另一斜叠方向从右向左包缠，仍每圈压叠带宽的1/2，直至将黄蜡带完全包缠住。具体如图5-18所示。

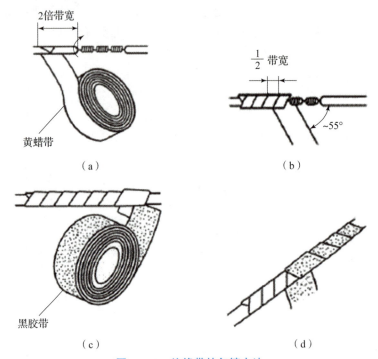

图 5 – 18 绝缘带的包缠方法

(a) 包缠黄蜡带；(b) 黄蜡带与导线成55°角；(c) 黄蜡带与黑胶带连接；(d) 完全包缠黄蜡带

3. 绝缘带包缠的注意事项

（1）包缠处理中应用力拉紧胶带，注意不可稀疏，更不能露出芯线，以确保绝缘质量和用电安全。

（2）对于220 V线路，也可不用黄蜡带，只用黑胶带或PVC胶带缠两层。

（3）对于380 V线路必须先包1~2层黄蜡带，再包缠一层黑胶带。

（4）在潮湿场所应使用自粘胶带和PVC胶带或黄蜡带配合PVC胶带使用。

任务实施：导线绝缘层的剖削、导线的连接及绝缘恢复

（1）根据导线检修、作业规范及要求，制订导线绝缘层的剖削、导线的连接及绝缘恢复的行动计划（填写下表对应的操作要点及注意事项）。

操作流程		
序号	作业项目	操作要点
1	导线绝缘层的剖削	
2	导线的连接	
3	导线的绝缘恢复	

续表

操作流程		
序号	作业项目	操作要点
作业注意事项		
审核意见		日期： 签字：

（2）请根据作业计划，完成小组成员任务分工，按要求填写下表。

操作人		记录员、监护人	
1. 导线绝缘层的剖削（6 mm² 以下）			
详细过程			
2. 导线的连接（由指导教师随机指定三种导线的连接）			
连接详细过程			
3. 导线的绝缘恢复			
绝缘恢复详细过程			

（3）请实训指导教师检查本组作业结果，并针对实训过程出现的问题提出改进措施及建议。

序号	评价标准	评价结果
1	导线剖削时不伤到芯线，切口平整	
2	导线连接时接触良好，有足够的机械强度，接头美观	
3	能按操作规程恢复导线绝缘，恢复后的绝缘强度不低于原导线绝缘强度	
综合评价		
综合评语（改进意见）		

(4) 请根据自己在课堂中的实际表现进行自我反思和自我评价。

自我反思	
自我评价	

(5) 实训成绩。

项目	评分标准	分值	得分
接收工作任务	明确工作任务，理解任务在企业工作中的重要程度	5	
收集信息	掌握导线绝缘层的剖削、导线的连接及绝缘恢复相关知识	5	
制订计划	按照相应技术规范及流程，制订合适的作业计划	10	
	能协同小组人员安排任务分工	5	
	能在实施前准备好需要的工具器材	5	
实施计划	规范进行场地布置及情景模拟	8	
	导线绝缘层的剖削完成情况	10	
	导线的连接完成情况	10	
	导线的绝缘恢复完成情况	10	
	对作业场地进行收尾工作	10	
质量检查	完成任务，操作过程规范，具有安全环保意识	5	
评价反馈	能对自身表现情况进行客观评价	4	
	在任务实施过程中发现自身问题	3	
得分（满分100分）			

5.5 企 业 案 例

线头连接及绝缘恢复不符合工艺要求引发触电身亡事故

××××年6月23日，山东沂南某化工公司在原北大门传达室西墙外发生一起触电事故，造成1人死亡。

1. 事故经过

××××年6月22日下了一夜雨，23日5时，该公司复合肥车间按照预定计划停车进行设备清理和改造。8时，当班人员王某和韩某接班后，按照班里的安排，负责清理成品筛下料仓积存残料，约8时20分，王某离开了车间。8时30分左右，韩某出来，到车间北面找工具时，发现在车间外东北角的原北大门传达室西墙外趴着 1 人，头朝东南面向西，脚搭在一个南北放置的铁梯子上，离传达室西墙 2 m 多。这时韩某赶忙跑到车间办公室汇报，公司和车间领导等一起跑到现场，当时发现从传达室西窗户上有下来的电线着地，车间主任于某急喊拉电闸，副经理杜某急忙用手机联系并跑去找车辆。当拉下复合肥车间电源总闸后，车间职工李某手扶离王某不远的架棒管去拉王某时，又被电击倒（立即被跟在后面的维修工尹某拉起），当时，车间主任于某发现不是复合肥车间的电，就急忙跑到公司配电室，在电工班长张某的配合下，迅速拉下公司东路电源总闸。这时，联系好车辆又跑到现场的杜某和闻讯赶到的 2 名电工立即将王某翻过身来，由电工李某对其实施人工呼吸进行抢救，大家一起把王某抬到已开到现场的车上，立即送往县医院抢救。在送医院途中，2 名电工一起给王某做人工呼吸。送到医院时间在 8 时 40 分左右，王某经抢救无效死亡。

2. 事故原因分析

事故发生后，通过组织人员对现场勘察和调查分析认为，漏电电线是多年前老厂从办公楼引向原北大门传达室和原编织袋厂办公室的照明线，电线线头没有按工艺要求连接，连接完成没有进行绝缘恢复，该公司于 xxxx 年 8 月整体收购原沂南化肥厂后始终未用过该线路，原企业电工在改造时，未及时整改线头，将其盘在原北大门传达室窗户上面（因公司在此地计划建一工棚，6 月 21 日之前连续四五天，施工人员多次在此丈量，挖地基，打预埋，灌混凝土，并有 10 多人在此扎架子，焊钢梁，施工人员就在此窗户周围施工和休息，扎好的架棒管也伸到了窗户南侧，始终没有发现此线头有安全隐患），6 月 22 日 23 时至 23 日 5 时，一直下大雨并伴有 4~5 级的大风，将电源线刮落至地面。死者王某到事故发生地寻找工具（在传达室西墙边竖着一根直径 30 mm，长约 1.4 m 的铁棍），当脚踏平放的铁梯子时不慎摔倒（梯子距地面约 25 cm，其中一头搭在铁架子上），面部触及裸露的电源线头，发生触电事故（尸体面部左侧有 3 cm×5 cm 的烧伤疤痕）。在实施抢救过程中发生二次触电，原因是王某的身体、铁梯子、铁架棒形成带电回路。

3. 事故防范措施

这起事故的教训是深刻的，给死者及其家庭带来了极大的伤害和痛苦，在社会上造成了一定的影响。公司多次召开会议，举一反三，采取了如下防范措施：

（1）按照"四不放过"的原则，公司领导组织召开全体职工大会，用发生在身边的事故案例对职工进行安全生产知识教育，以增强职工的安全意识。

（2）公司组成检查组，由领导亲自带队，对公司生产及生活区进行了全面的安全生产大检查，发现问题及时整改。

（3）由县供电局和公司电修人员，对公司的高压线路和低压线路进行了一次彻底的规范整改。

（4）公司制订并实施了具体的安全生产教育计划，每天由车间负责利用班前班后会对职工进行 30 min 的安全生产知识教育。

（5）对事故有关责任人进行处理。

项目 6

配电线路的基本知识

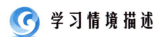 **学习情境描述**

电力在人民生活中所占的地位越来越重要，输配电线路作为电力系统非常重要的组成部分，对于电力系统的可靠性和安全性有着直接的影响。为了保证输配电线路能够安全稳定运行，供电企业及维护人员必须对其有足够的重视，并且应采取一系列措施来提高管理维护水平，尽量防止发生输配电线路事故。2015年5月25日15时29分，某供电段线路工区维护班处理10 kV 火南148线路接地故障工作中，将与10 kV 火南148线路同杆架设的下层10 kV 城夺146线路误认为是10 kV 火南148线路，导致申报的停电线路与实际应停电线路不符。同时，工作人员未对线路采取验电、挂地线等安全措施，发生1起人身伤亡事故，造成1人死亡。本次事故工作人员作业前未对线路进行验电和挂接地线，属严重的习惯性违章行为。工作负责人对设备现状不清楚、不了解，在未对现场进行认真核对的情况下，申请停电工作，导致停电线路发生错误，为事故埋下隐患。

学习目标

1. 了解认识配电线路常用材料。
2. 认识配电线路相关设备，能够按照工艺要求绑扎导线与瓷瓶。
3. 熟练掌握配电线路的停送电操作。
4. 能熟练填写倒闸操作票。
5. 学生要时刻注意用电安全，安全用电，杜绝习惯性违章作业。

6.1 导　　线

引导问题：查找、收集导线相关资料，并填写在下列空白处。

电力线路通常分为_____和_____（见图6-1）。

其中导线是电力线路的重要组成部分，它起着传导电流、输送电能的作用。制造导线的材料不仅要有良好的导电性能，还要有足够的机械强度和较好的耐震、抗腐蚀性能，并满足经济性的要求。因此，电力线路导线一般采用铜、铝、铝合金等材料制造。根据不同的使用环境和传输电流的大小，导线还有不同的结构形式和截面。

（a）

（b）

图6-1 架空线路及电缆线路

（a）架空线路；（b）电缆线路

6.1.1 架空线路导线

铜金属是除贵金属外导电性能、机械性能最好的金属，是早期架空导线采用的材料。随着电能的广泛使用，铜质导线难以为继；电解铝法工艺提升、铝精炼较容易、铝的储量丰富、铝的密度大约是铜的1/3及铝在大气中表面会生成一层致密的氧化膜，防腐蚀性能较好，使架空线路导线的选材逐步向铝转变。

1. 裸导线

裸导线的型号用制造导线的材料、导线的结构和标称截面三部分表示。其中导线材料、结构用汉语拼音表示，导线标称截面用数字表示，单位是 mm^2，如导线由两种材料构成，则用"/"分开表示其标称截面。如T表示铜、L表示铝、G表示钢；J表示多股线或加强型、Q表示轻型、H表示合金、F表示防腐。例如，LJ-120表示标称截面为120 mm^2 的铝绞线，LGJ240/30表示标称截面为240/30 mm^2 的钢芯铝绞线，LGJJ-240表示标称截面为240 mm^2 的加强型钢芯铝绞线，LGJQ-185表示标称截面为_____的_____线。

为了减小线路电晕损耗，提高线路的输送能力，以及减小对无线电、高频通信等的干扰，采用分裂导线。南方电网公司±800 kV云广特高压直流输电线路采用六分裂导线（见图6-2）架设方案；国家电网公司1 000 kV交流特高压输电线路采用八分裂导线架设方案。

图6-2 六分裂导线

2. 绝缘导线

绝缘导线线芯一般采用紧压的圆形硬铝、硬铜或铝合金导线。线芯紧压是为了降低绝缘导线制造过程中产生的应力,防止水渗入绝缘导线内滞留,特别是铜芯绝缘导线,防止引起腐蚀应力断线。

JK 表示架空系列铜导体绝缘导线、JKL 表示架空系列铝导体绝缘导线、TR 表示软铜导体、L 表示铝导体、HL 表示铝合金导体,V 表示聚氯乙烯绝缘、Y 表示聚乙烯绝缘、GY 表示高密度聚乙烯绝缘、YJ 表示交联聚乙烯绝缘。

3. 新型导线

为降低线路建设成本和增大线路输送能力,现代架空输电线路都在向紧凑型线路方向发展,也提出了研制新型导线的要求,主要表现在导线材质和结构两方面。一是以提高导线材质为基本目标,研发热稳定性更好,抗拉伸强度更高的导线材料,如碳化纤维的低松弛度导线。二是改变导线表面结构,如低风压型导线,其表面有缓冲风压的去风槽,可降低架空导线的风阻系数,有效减轻作用在导线上的风压力,进而减轻作用在杆(塔)上的风压荷重,对建设紧凑型输电工程有重要意义。

新型复合材料合成芯导线是用碳纤维混合固化芯棒代替钢芯铝绞线中的钢芯制成的。与传统的钢芯铝绞线相比,该芯棒抗拉强度是钢芯的两倍,具有重量轻、强度大、低线损、松弛度小、耐高温、耐腐蚀、与环境亲和等优点。不仅提高了线路的输送容量,而且缩小了线路走廊,使铁塔结构紧凑,减少了占地及构件,降低了线路建造成本,实现了电力传输的节能、环保与安全。另外,为满足更安全可靠的大容量电力传输的要求,在普通金属铝中加入锆元素研制成的钢芯耐热铝合金绞线,在钢中加入 38% 左右镍元素研制成了殷钢芯耐热铝合金绞线,以及铝基陶瓷纤维芯铝绞线和碳纤维复合芯软铝绞线。新型复合材料导线的应用,大大提高了线路的输送能力。

6.1.2 电力电缆

电力电缆(见图 6-3)由线芯、绝缘层和保护层三部分组成。电缆线芯要有良好的导电性,一般分为铜芯和铝芯两种;线芯按数目可分为单芯、双芯、三芯和四芯四种;线芯按导线截面形状又可分为圆形、半圆形和扇形三种。绝缘层的作用是将线芯导体及保护层隔离开,

图 6-3 电力电缆

要有良好的绝缘性能和耐热性能。保护层分内保护层和外保护层两部分,用于保护绝缘层不受外力损坏和防止水分浸入,要求有一定的机械强度。

1. 电力电缆结构及代号含义

电力电缆型号由类别、导体、绝缘、内护层、派生部分组成,其代号用汉语拼音字母和阿拉伯数字组成。拼音字母表示电缆的用途、绝缘材料、线芯材料及特征,数字表示铠装层类型和外护层类型(见表 6-1)。

表 6-1 电力电缆结构及代号含义

绝缘种类		导电线芯		内护层		派生结构		外护层	
代号	含义	代号	含义	代号	含义	代号	含义	代号	含义
Z	纸	L	铝芯	H	橡胶护套	D	不滴流	0	裸金属铠装（无外被层）
X	橡皮	T	铜芯省略	HF	非燃性护套	F	分相	1	无金属铠装仅有麻被层
V	聚氯乙烯			V	聚氯乙烯护套	G	高压	2	钢带铠装
Y	聚乙烯			Y	聚乙烯	P	滴干绝缘	5	单层细钢丝铠装
YJ	交联聚乙烯			L	铝包	P	屏蔽	4	双层细钢丝铠装
				Q	铅包	Z	直流	5	单层粗钢丝铠装
								6	双层粗钢丝铠装
								1	一级防腐
								2	二级防腐
								9	在金属铠装层外加聚氯乙烯护套

2. 常用电力电缆

1）油浸纸绝缘电力电缆

油浸纸绝缘电力电缆用浸渍纸作绝缘，内保护层用纤维被层，外保护层常用铅包或铝包，具有成本低，工作寿命长，绝缘材料来源充足，结构简单、制造方便，易于安装和维护，允许工作场强较低等特点。油浸纸绝缘电力电缆分为黏性浸渍纸绝缘、干绝缘和不滴流浸渍纸绝缘电缆三种，其中黏性浸渍纸绝缘电缆不宜作高差敷设。

2）橡皮绝缘电力电缆

橡皮绝缘电力电缆的绝缘层为橡皮，保护层为铝或聚氯乙烯，也可为橡皮。这种电缆性质柔软，弯曲方便，但耐压强度不高，易变质、老化，易受机械损伤，只能作低压电缆使用。

3）聚氯乙烯绝缘电力电缆

聚氯乙烯绝缘电力电缆的绝缘材料和保护外套均采用聚氯乙烯塑料，又称为全塑料电力电缆。其电气性、耐水性、抗酸碱、抗腐蚀较好，具有一定的机械强度，可垂直敷设，但易老化、耐热性差。

4）交联聚乙烯绝缘电力电缆

交联聚乙烯是聚乙烯经过化学和物理方法，使直链状结构的聚乙烯转化成交链结构而形成的。其中以过氧化物作为交联剂、在高温下进行化学交联的应用最广。这种电缆不但具有全塑料电缆的一切特点，而且缆芯允许长期工作温度高，机械性能好，耐压强度高，适宜于高差和垂直敷设，接头易制作；但抗电晕、游离放电性能较差。交联聚乙烯绝缘电力电缆是目前在 10~220 kV 线路中得到广泛应用的一种电缆，在 500 kV 有高落差的电力电缆线路中也得到应用。超高压交联聚乙烯绝缘电力电缆,其结构除有与高、低压电缆相似的部分,如线芯紧压、导体、绝缘层加屏蔽外,还特别增加了纵向防水层。采用超高压交联聚乙烯绝缘电力电缆取代充油电缆,可以大大简化线路设计、施工和运行维护等方面的工作。

小提示

与架空线路相比,电缆线路具有安全可靠,运行过程中受自然气象条件和周围环境影响较少,寿命长,对外界环境的影响小,不影响人身安全,同一通道可以容纳多根电缆,供电能力强等优点;但也有自身和建设成本高(与架空线路相比投资成倍增长),施工周期长,电缆发生故障时因故障点查找困难而导致修复时间长等缺点。

6.2 杆 塔

杆塔是电杆和铁塔的总称,是通过绝缘子悬挂导线的支持结构的统称,主要用来支持导线、避雷线和其他附件,使导线之间、导线与避雷线、导线与地面及交叉跨越物之间保持一定的安全距离。它能在设计气象条件下,保证电力线路安全供电。杆塔地下部分的总体统称为基础,它的作用是支撑架空线路杆塔,防止杆塔因垂直、水平及事故荷载等所致的上拔、下压和倾倒。

1. 按材质分类

杆塔按材质不同可分为木杆、水泥杆及铁塔三种。

(1)木杆:木结构杆塔因强度低、寿命短、维护不便,并且受木材资源限制,在中国已经被淘汰。

(2)钢筋混凝土电杆(水泥杆):主要材料是混凝土,按要求配置一定数量的钢筋。优点在于强度较高,耐腐蚀性好,寿命长,维护工作量较小,与铁塔相比钢材消耗少,可降低线路建造成本。缺点在于较重,运输较为困难。一般用于 10~110 kV 架空线路。

(3)铁塔:钢制构件便于运输,利于现场安装,机械强度高,使用寿命长,并能按要求制造出各种适合需要的塔形和高度,但是钢材耗量大,建造成本高。适用于运输困难、线路走廊狭窄、施工不便及荷载较大(如多回路、耐张、大挡距、转角、大跨越等)场合。

2. 按用途分类

按用途分类,有直线杆塔、耐张杆塔、转角杆塔、终端杆塔、换位杆塔、跨越杆塔和分支杆塔。其中换位杆塔、跨越杆塔和分支杆塔也统称为特殊杆塔。

(1)直线杆塔(见图 6-4)是线路中悬挂导线和避雷线的支承结构,其作用是支承导线、避雷线、绝缘子、金具等的重力和自重,以及作用在它们上面的风压力,而在施工和正常运行时不承受沿线路方向的水平张力。由于其强度要求低,造价较便宜,是线路中使用数量最多的一

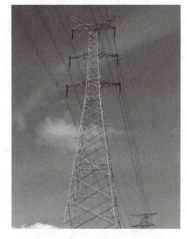

图 6-4 直线杆塔

种杆塔形式。导线和避雷线在直线杆塔处不开断，直线杆塔上，绝缘子串和导线相互垂直。

（2）耐张杆塔（见图6-5）除了要承受与直线杆塔相同的荷载，还要能承受各种情况下可能出现的最大纵向张力。由于其强度要求高，结构也较复杂，造价也较高。

（3）转角杆塔（见图6-6）用于线路转角处，使线路改变走向形成转角的杆塔。它除需承受与耐张杆塔相同的荷载和张力外，还要承受内角平分线方向导线、避雷线全部拉力的合力，即具有耐张杆塔的作用。转角杆塔的转角有30°、60°、90°之分，但不宜超过90°，对于转角小于5°的转角杆塔，则可采用直线转角杆塔。

图6-5 耐张杆塔

图6-6 转角杆塔

（4）换位杆塔（见图6-7）是用来改变线路上三相导线相互位置的杆塔，导线换位的作用是减少三相导线阻抗的不平衡。根据规定："在中性点直接接地的电力网中，长度超过100 km的线路均应换位，换位循环长度不宜大于200 km。"

（5）跨越杆塔（见图6-8）是用来支承导线和避雷线跨越江河湖泊、铁路、公路等处的杆塔。它组立于上述地点的两侧，多为高杆塔。根据跨越挡距的大小可用耐张跨越杆塔或直线跨越杆塔。

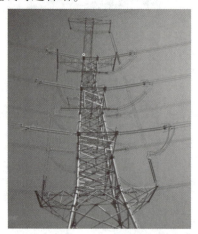

图6-7 换位杆塔

图6-8 跨越杆塔

(6) 终端杆塔（见图 6-9）位于线路的首、末端，是线路的起始或终止杆塔。它承受单侧张力。终端杆塔还允许兼作线路转角杆塔使用。

(7) 分支杆塔（见图 6-10）又称为 T 型杆塔或 T 接杆塔，它用在线路的分支处，以便接出分支线。分支杆塔在配电线路上使用较多，在输电线路上很少使用。

图 6-11 里有几种杆？请分别列举出来。

图 6-9 终端杆塔

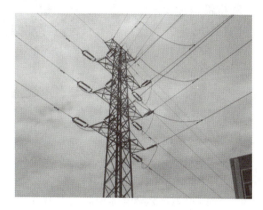

图 6-10 分支杆塔

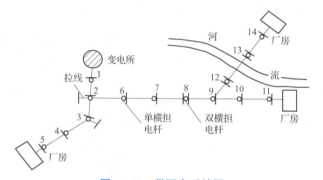

图 6-11 供配电系统图

6.3 架空线路绝缘子、金具

6.3.1 绝缘子

绝缘子用来固定导线，并使导线对地绝缘。此外，绝缘子还要承受导线的垂直荷重和水平拉力，所以它应有良好的电气绝缘性能和足够的机械强度。

1. 按材质分类

绝缘子按材质分类有瓷质绝缘子、玻璃绝缘子、合成绝缘子。

1）瓷质绝缘子（见图6-12）

瓷质绝缘子使用电工陶瓷，能满足绝缘强度和机械强度要求，强度高、性能稳定，可根据防污的要求，将绝缘部分设计成标准型、耐污型等不同结构，但是抗污闪能力较低。

2）玻璃绝缘子（见图6-13）

玻璃绝缘子用钢化玻璃制成，电气绝缘性能好、耐热性和化学稳定性高，抗拉强度高，

图6-12 瓷质绝缘子

自洁程度强，积垢黏附力小。与瓷质绝缘子相比，尺寸小、重量轻、价格便宜，但是"自爆"率较高。

3）合成绝缘子（见图6-14）

合成绝缘子伞裙由硅橡胶为基体的高分子聚合物制成，憎水性好。芯棒采用环氧玻璃纤维棒制成，抗拉强度高。其优点是体积小、重量轻、易安装、抗污性能好、具有弹性；但容易脆断，受外力撞击或重压、尖硬物碰撞、鼠咬易损坏。

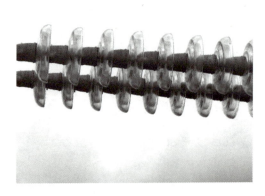

图6-13 玻璃绝缘子

图6-14 合成绝缘子

2. 常用绝缘子

架空电力线路常用绝缘子（见图6-15所示）有针式绝缘子、盘形悬式绝缘子、棒形针式绝缘子、横担绝缘子等。

3. 对绝缘子的基本要求

1）电气性能

整体结构的绝缘子（针式绝缘子、棒式绝缘子、瓷横担绝缘子）额定电压不得低于线路额定电压。悬式绝缘子串应考虑出现一片零值绝缘子时，在设计过电压水平下不发生击穿；按绝缘配合要求，耐张杆塔等绝缘子片数应多于直线杆塔。

2）机械强度

为保证线路绝缘子在设计条件下不发生机械损伤，应根据线路设计规程要求，对不同

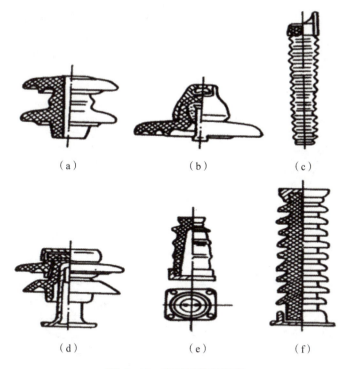

图6-15 常用绝缘子种类

(a) 针式；(b) 盘形悬式；(c) 横担；(d) 棒形针式；(e) 空心支柱；(f) 针式支柱

类型绝缘子选用不同的安全系数：针式绝缘子、瓷横担绝缘子为2.5；悬式绝缘子为2.0；棒式合成绝缘子的安全系数则按厂家提供的数据。

3）抗污能力

绝缘子的泄漏比距应满足污区分布图的要求。若无污区分布图，在空气污秽地区应根据运行经验增加泄漏比距；若无运行经验，应按污秽分级标准所规定数值配置。另外，绝缘子的组装方式应防止瓷裙积水。

4）其他

绝缘子瓷件表面应光滑，无裂纹、缺釉、斑点、气泡、损伤等缺陷。瓷件与金属附件结合牢固，胶合剂表面不得有裂纹。绝缘子的金属附件不得有裂纹，镀锌完好。

4. 导线的绑扎固定

导线在针式绝缘子及蝶式绝缘子上的固定普遍采用绑扎缠绕法，绑线材料与导线材料相同。铝绑线的直径应在2.6~3mm范围内，铜绑线的直径应在2.0~2.6mm范围内。铝导线绑扎之前，将导线与绝缘子接触的部位缠裹宽10mm、厚1mm的软铝带，其缠裹长度要超出绑扎长度的20~30mm。绑扎后导线不得在绝缘子上滑动，也不能使导线过分弯曲。绑扎时，防止碰伤导线和绑线。绑扎铝线时只许用钳子尖夹住绑线，不得用钳口夹绑线。绑线在绝缘子颈槽内要顺序排开，不得互相挤压在一起。绑线缠绕方法有顶绑法、侧绑法等。

1）顶绑法

直线杆塔一般情况下采用顶绑法，步骤如下：

(1) 此时导线应放置在绝缘子脖颈上，在绑扎处的导线上缠绕铝包带，若是铜线则不绑缠铝包带，把绑线盘成一个圆盘，留出一个短头，其长度为 250 mm 左右，用短头在绝缘子左侧的导线上绕 3 圈，方向是从导线外侧，经导线上方绕向导线内侧，如图 6-16（a）所示。

(2) 用盘起来的绑线在绝缘子脖颈内侧绕到绝缘子右侧的导线上绑 3 圈，其方向是从导线下方经外侧绕向上方，如图 6-16（b）所示。

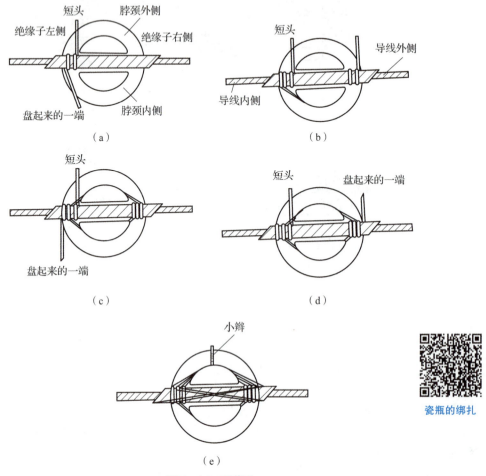

图 6-16 顶绑法

(3) 然后用盘起来的绑线在绝缘子脖颈内侧绕到绝缘子右侧导线上，并再绑 3 圈，其方向是由导线下方经内侧绕到导线上方，如图 6-16（c）所示。

(4) 再把盘起来的绑线自绝缘子脖颈内侧绕到绝缘子右侧导线上，并再绑 3 圈，其方向是由导线下方经外侧绕到导线上方，如图 6-16（d）所示。

(5) 把盘起来的绑线自绝缘子外侧绕到绝缘子左侧导线下面，并自导线内侧绕上来，经过绝缘子顶部交叉压在导线上；然后从绝缘子右侧导线外侧绕到绝缘子脖颈内侧，并从绝缘子左侧的导线下侧经过导线外侧上来，经绝缘子顶部交叉压在导线上，此时已有一个十字压在导线上。

(6) 重复按以上方法再绑一个十字，把盘起来的绑线从绝缘子右侧的导线内侧，经下方绕到绝缘子脖颈外侧，与绑线短头在绝缘子外侧中间拧一个小辫，将其余绑线剪断并将小辫压平，如图 6-16（e）所示。

2）侧绑法

侧绑法适用于转角杆塔，此时导线应放在绝缘子脖颈外侧，绝缘子顶槽太浅的直线杆塔也可以应用这种绑扎方法，其绑扎步骤如下：

(1) 在绑扎处的导线上绑缠铝包带，若是铜线则可不缠铝包带。

(2) 把绑线盘成一个圆盘，在绑线的一端留出一个短头，其长度为 250 mm 左右，用绑线的短头在绝缘子左侧的导线上绑 3 圈，方向是自导线外侧经导线上方绕向导线内侧，如图 6-17（a）所示。

(3) 用盘起来的绑线自绝缘子脖颈内侧绕过，绕到绝缘子右侧导线上方，即交叉在导线上方，并自绝缘子左侧导线外侧经导线下方绕到绝缘子脖颈内侧；在绝缘子内侧的绑线，绕到绝缘子右侧导线下方，交叉在导线上，并自绝缘子左侧导线上方绕到绝缘子脖颈内侧，如图 6-17（b）所示，此时导线外侧已有一个十字。

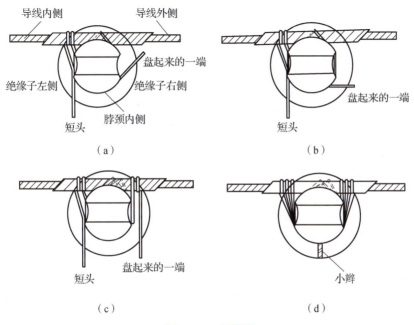

图 6-17 侧绑法

(4) 重复上法再绑一个十字，用盘起来的绑线绕到右侧导线上，并绑 3 圈，方向是自导线上方绕到导线外侧，再到导线下方，如图 6-17（c）所示。用盘起来的绑线，从绝缘子脖颈内侧绕回到绝缘子左侧导线上，并绑 3 圈，方向是从导线下方经过外侧绕到导线上方；然后再经过绝缘子脖颈内侧回到绝缘子右侧导线上，并绑 3 圈，方向是从导线上方经外侧绕到导线下方；最后回到绝缘子脖颈内侧中间，与绑线短头拧一个小辫，将其余绑线剪断并将小辫压平，如图 6-17（d）所示。

6.3.2 金具

金具按不同用途可分为线夹类金具、连接金具、接续金具、保护金具、拉线类金具等。

1. 线夹类金具

线夹是用来紧固导线、避雷线的金具，使其固定在绝缘子上。根据使用情况，线夹可分为悬式线夹和耐张线夹（见图6-18）。

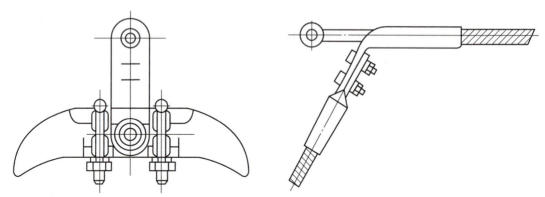

图6-18 悬式线夹、耐张线夹

2. 连接金具

连接金具是用于绝缘子串与杆塔之间、线夹与绝缘子串之间、避雷线线夹与杆塔之间进行连接的金具。常用的连接金具有球头挂环、碗头挂板、U型挂环、U型挂板、直角挂板、连板等。

3. 接续金具

接续金具用于架空线路导线及避雷线的接续、非直线杆塔跳线的接续，以及导线的补修等。按承力可分为全张力接续金具和非全张力接续金具；按施工方法分为钳压、液压、螺栓接续等。接续金具除承受导线或避雷线的张力作用外，导线接续金具还要传导与导线相同的电气负荷。常用的接续金具有钳压接续管、液压对接管、并沟线夹及跳线线夹等。

4. 保护金具

保护金具用于导线和避雷线的机械防护及绝缘子的电气防护。机械防护金具有防止导线和避雷线振动用的防振锤、护线条等，还有在短路时抑制分裂导线因电磁力造成相互吸引碰撞的间隔棒；电气防护金具有绝缘子串用的均压环等。

5. 拉线类金具

拉线类金具是用于调整和稳固杆塔拉线的金具，如可调式UT型线夹、双拉线联板等。

任务实施：导线的绑扎固定

（1）根据导线作业规范及要求，制订导线绑扎固定的行动计划（填写下表对应的操作要点及注意事项）。

操作流程		
序号	作业项目	操作要点
1	导线与瓷瓶的顶绑	
2	导线与瓷瓶的侧绑	

续表

操作流程			
序号	作业项目		操作要点
作业注意事项			
审核意见			日期： 签字：

（2）请根据作业计划，完成小组成员任务分工，按要求填写下表。

操作人		记录员、监护人	
1. 导线与瓷瓶的顶绑			
详细过程			
2. 导线与瓷瓶的侧绑			
详细过程			

（3）请实训指导教师检查本组作业结果，并针对实训过程出现的问题提出改进措施及建议。

序号	评价标准	评价结果
1	导线绑扎应牢固，针瓶一侧导线在断线或松线的情况下不会从针瓶脱出	
2	扎线操作动作轻松流畅	
3	扎线工艺美观。如果用钳子绑扎，应防止钳口伤到导线	
综合评价		
综合评语 （改进意见）		

（4）请根据自己在课堂中的实际表现进行自我反思和自我评价。

自我反思	
自我评价	

(5) 实训成绩。

项目	评分标准	分值	得分
接收工作任务	明确工作任务，理解任务在企业工作中的重要程度	5	
信息收集	掌握导线的侧绑和顶绑相关知识	10	
制订计划	按照相应技术规范及流程，制订合适的作业计划	10	
	能协同小组人员安排任务分工	5	
	能在实施前准备好需要的工具器材	5	
实施计划	规范进行场地布置及情景模拟	8	
	导线的侧绑完成情况	15	
	导线的顶绑完成情况	15	
	对作业场地进行收尾工作	10	
质量检查	完成任务，操作过程规范，具有安全环保意识	10	
评价反馈	能对自身表现情况进行客观评价	4	
	在任务实施过程中发现自身问题	3	
得分（满分 100 分）			

6.4 配电线路的停送电操作

6.4.1 倒闸操作

倒闸操作是指电气设备或电力系统由一种运行状态变换到另一种运行状态，由一种运行方式转变为另一种运行方式时所进行的一系列有序操作。

1. 电气设备的运行状态

（1）运行：指相关一、二次回路全部接通带电。

（2）热备用（备用）：指断路器断开、隔离开关合上。

（3）冷备用（停用）：指断路器和隔离开关均断开；但回路中互感器、避雷器等均接通。

（4）检修：指回路中各设备断开，已挂接地线，装设遮拦，悬挂标示牌。

2. 倒闸操作基本要求

（1）倒闸操作指令要由有权发布指令的调度值班员（所属调度单位发文公布）发布；操作人和监护人必须由上级部门批准并公布的合格人员担任。

（2）倒闸操作必须由两人进行，一人监护、一人操作。特别重要和复杂的倒闸操作，应由电气负责人监护。

(3) 值班人员所进行的一切倒闸操作，包括根据调度口头指令所进行的操作和根据工作票所进行的验电、装拆接地线、插拔控制回路熔断器等操作，均需填写倒闸操作票。

3. 倒闸操作的原则

(1) 操作隔离开关时，断路器必须先断开。

(2) 设备送电前必须将有关继电保护投入，没有继电保护或不能自动跳闸的断路器不准送电。油断路器不允许带电压手动合闸，运行中的小车开关不允许打开机械闭锁手动分闸。

(3) 在操作过程中，发现误合隔离开关时，不允许将误合的隔离开关再拉开；发现误拉隔离开关时，不允许将误拉的隔离开关再重新合上。

4. 倒闸操作的基本操作方法

1) 高压断路器的操作

(1) 远方控制的断路器，不允许带电手动合闸，以免合入故障回路，使断路器损坏或引起爆炸。

(2) 扳动控制开关，不得用力过猛或操作过快，以免操作失灵。

(3) 断路器合闸送电或跳闸后试送时，其他人员应尽量远离现场，避免因带故障合闸造成断路器损坏，发生意外。

(4) 拒绝跳闸的断路器不得投入运行或列为备用。

(5) 断路器分、合闸后，应立即检查有关信号和测量仪表的指示，同时应到现场检查其实际分合位置。

2) 隔离开关的操作

(1) 分、合隔离开关时，断路器必须在断开位置，并核对编号无误后，方可操作。

(2) 远方操作的隔离开关，一般不得在带电情况下就地手动操作，以免失去电气闭锁。

(3) 手动就地操作的隔离开关，合闸时应迅速果断，但在合闸终了时，不得用力过猛，以免损坏机械，当合入接地或短路回路或带负荷合闸时，严禁将隔离开关再次拉开，拉闸时应慢而谨慎，特别是动、静触头分离时，如发现弧光，应迅速合入，停止操作，查明原因，但切断空载变压器、空载线路、空母线或系统环路，应快而果断，以促使电弧光迅速熄灭。隔离开关分合后，应到现场检查实际位置，以免传动机构或控制回路（指远方操作）有故障，出现拒合拒分，同时检查触头位置是否正确，合闸后触头是否接触良好，分闸后，断口张开的角度或拉开的距离应符合要求。

(4) 停电操作时，当断路器先断开后，应先拉开负荷侧隔离开关，后拉开电源侧隔离开关，送电时的操作顺序相反。

3) 验电的操作

(1) 高压验电时，操作人员必须戴绝缘手套，穿绝缘鞋（靴）。

(2) 验电时，必须使用电压等级合适，试验合格的验电器。

(3) 雨天室外验电时，禁止使用普通（不防水）的验电器或绝缘拉杆，以免受潮、闪络或沿面放电，引起事故。

(4) 验电前，先在有电的设备上检查验电器，应确证良好。

(5) 在停电设备的各侧（如断路器的两侧，变压器的高、中、低三侧等）以及需要短路接地的部位，分相进行验电。

4）挂（拆）接地线的方法

（1）挂地线前，必须验电，验明设备确无电压后，立即将停电设备接地并三相短路，操作时，应先装接地端，后挂导体端。

（2）挂地线时，操作人员必须戴绝缘手套，以免受感应电（或静电）电压的伤害，条件许可时，应尽量使用装有绝缘手柄的地线或以接地开关代替接地线，以尽量减少操作人员与一次系统直接接触的机会，防止触电。

（3）所挂地线应与带电设备保持足够的安全距离。必须使用合格的接地线，其截面应满足要求，且无断股，严禁将地线缠绕在设备上或将接地端缠绕在接地体上。

6.4.2 操作票填写

1. 操作票的填写要求

（1）操作票应用钢笔或水笔填写，票面应清楚整洁，不得任意涂改。字迹应工整不潦草，不应有错别字和丢字现象，应尽量保持票面清洁。

（2）倒闸操作人员应根据值班调度员（线路工区值班员）的操作命令（口头或电话）填写倒闸操作票。操作命令应清楚明确，受令人应将命令内容向发令人复诵，核对无误。

（3）操作票要填写设备双重名称，即设备名称和编号。操作人和监护人应先后在操作票上分别签名。

（4）事故应急处理和通断断路器（开关）的单一操作可不填写操作票。事故处理根据值班调度员的命令进行操作，可不填写操作票。

_____ 倒闸操作票

NO _____

发令人		受令人		发令时间		年 月 日
操作开始时间			年 月 日 时 分	操作结束时间		年 月 日 时 分
（ ）监护下操作　（ ）单人操作　（ ）检修人员操作							
操作任务：							

顺序	操作项目	√

备注：

操作人：　　　　监护人：　　　　值班负责人（值班长）：

2. 倒闸操作票的填写

1）操作任务

操作任务应根据电力线路倒闸操作命令发布人发布的操作命令内容和专用术语进行填写。操作任务的填写要简单明了，做到能从操作任务中看出操作对象、操作范围及操作要求。操作任务应填写设备双重名称，即电力线路设备中文名称和编号。每张操作票只能填写一个操作任务，"一个操作任务"是指根据同一操作命令为了相同的操作目的而进行的一系列相关联并依次进行的不间断倒闸操作过程。一个操作任务用多张操作票时，在首张及以后操作票的接下页 ×× 号中填写下页操作票号码，在第二张及以后操作票的承上页 ×× 号中填写上页操作票号码。

2）操作项目

应填入操作项目栏中的项目有：

（1）应断开或闭合的断路器、隔离开关（刀闸）和跌落式熔断器。

（2）检查断路器、隔离开关（刀闸）和跌落式熔断器的位置。

（3）装设接地线前，应在停电设备上进行验电。装拆接地线均应注明接地线的确切地点和编号。拆除接地线后，检查接地线确已拆除。

（4）装或拆控制回路和电压互感器回路的熔断器。

（5）切换保护回路和检查负荷分配。

（6）检验是否确无电压。

3）备注栏

在电力线路倒闸操作中出现问题、因故中断操作以及填好的操作票没有执行等情况都应在备注栏中注明。

4）操作票的编号

电力线路倒闸操作票的编号由供电公司统一编号，并在印刷时一并排印，使用单位应按编号顺序依次使用。电力线路倒闸操作票的编号不能随意改动，不得出现空号、跳号、重号、错号。

5）操作票的单位

电力线路倒闸操作票的 ×× 单位应填入操作人、监护人所在的单位，单位名称要写全称，不能写简称或代号，例如，×× 供电所。

6）发令与受令

配电网调度值班员（发令人）向供电所值班负责人（受令人）发布正式的操作指令，由供电所值班负责人（受令人）将发令人和受令人的姓名填入电力线路倒闸操作票"发令人栏"和"受令人栏"中。

由供电所值班负责人（受令人）将发令人发布正式的操作指令的时间填入"发令时间栏"内。

7）操作时间的填写

操作时间的填写统一按照公历的年、月、日和 24 h 制填写，一个操作任务用多张操作票时，操作开始时间填在首页，操作结束时间填在最后一页。

8）操作票签名

电力线路倒闸操作前，操作人和监护人应对电力线路倒闸操作票进行认真审核，并确认操作票无误后，由操作人、监护人分别在操作票上签名，操作人、监护人应对本次电力线路倒闸操作的正确性负全部责任。

9）操作票打"√"

监护人在操作人完成此项操作并确认无误后，对该项操作项目打"√"。对于检查项目，监护人唱票后，操作人应认真检查，确认无误后再高声复诵，监护人同时也应进行检查，确认无误并听到操作人复诵后，对该项打"√"。严禁操作项目与检查项目一并打"√"。严禁操作不打"√"，待操作结束后，在操作票上补打"√"。监护人应使用红色笔在操作项目上打"√"。

10）操作票的终止号"┕"

电力线路倒闸操作票按照倒闸操作顺序依次填写完后，在最后一项操作内容的下一空格中间位置记上终止号"┕"。如果电力线路倒闸操作最后一项操作内容下面没有空格，终止号"┕"可记在最后一项操作内容的末尾处。

3. 倒闸操作步骤

1）倒闸操作前准备阶段

倒闸操作前，操作人和监护人应先在模拟图前拿着操作票，按照操作票上操作项目顺序依次进行模拟操作。模拟操作的过程也就是核对操作票的过程。通过与模拟图核对，不仅能加深对操作项目的理解和记忆，而且可能发现票面上的一些问题，或者发现票面与设备不一致的地方，及时加以纠正和解决，从而可以避免在实际操作中诱发事故。

2）现场操作阶段

操作前、后都应检查核对现场设备名称、编号和断路器（开关）、隔离开关（刀闸）的断、合位置。操作人和监护人来到现场后，每次按操作票上的操作项目进行一项操作之前都应先检查核对所面对的操作设备的名称和编号是否和操作票所填写的一致，操作设备的断、合位置是否与操作票上所填写的断、合位置一致，如果完全一致，核对检查无误后，即可进行操作。操作完该项操作项目后，还应再次检查核对所操作设备的名称和编号，以及所操作设备的断合位置，待一切无误后，才可进行下一操作项目的操作。对下一项目的操作同样应先检查核对现场设备名称、编号以及设备的断、合位置，无误后方可操作。操作后再次检查核对，以此类推，不可省略。在现场检查核对完毕操作票上第1项操作任务，并准备开始实际操作时，应将此时间记入操作票上方的"操作开始时间"栏中。

3）操作完毕

操作完毕，受令人应立即报告发令人。操作完操作票上所列的最后一项操作项目并检查核对完设备名称、编号及断、合位置无误后，应立即向发令人报告：所有操作项目都已操作完毕，该项操作任务顺利完成。同时，将这一时间记入操作票上方的"操作终了时间"栏中。

4. 倒闸操作注意事项

（1）在倒闸操作前，必须了解系统的运行方式、继电保护及自动装置等情况，并应考虑电源及负荷的合理分布及系统运行方式的调整情况。

（2）在电气设备送电后，必须收回并检查有关工作票，拆除安全措施。

（3）在操作前应检查隔离开关和断路器的实际位置，防止误操作事故的发生。

（4）操作中发生疑问时，不准擅自更改操作票，必须向值班调度员或工区值班员报告，待弄清楚后再进行操作。

(5) 操作柱上安装的油断路器（开关），应有防止断路器（开关）爆炸的措施，以免伤人。

(6) 如发生严重危及人身安全情况时，可不等待命令立刻断开电源，但事后应立即报告领导。

(7) 操作中应同时监视有关电压、电流、功率表等的指示和红、绿灯的变化，断路器操作把手不宜返回太快。

(8) 操作中应使用合格的操作工具、安全用具和设施（包括对号放置接地线的专用装置、专用的接地线装设地点）。一次设备应设有可靠的电气防误操作装置。

5. 10 kV 配电变压器室电气设备倒闸操作票实例

电力线路一次系统及接线图如图 6-19 所示。在正常运行状态下，110 kV 南变电站 10 kV Ⅰ 段母线带 10 kV 安家线。南变电站内 10 kV 安家线 603 断路器、603 隔离开关、6032 隔离开关均在合闸位置。110 kV 北变电站 10 kV Ⅱ 段母线带 10 kV 昆家线负荷。北变电站内 10 kV 昆家线 606 断路器、6061 隔离开关、6062 隔离关均在合闸位置。10 kV 昆家支线 56-1 隔离开关在合闸位置。10 kV 昆家支线 1 号配电室 10 kV 跌落式熔断器在合闸位置。

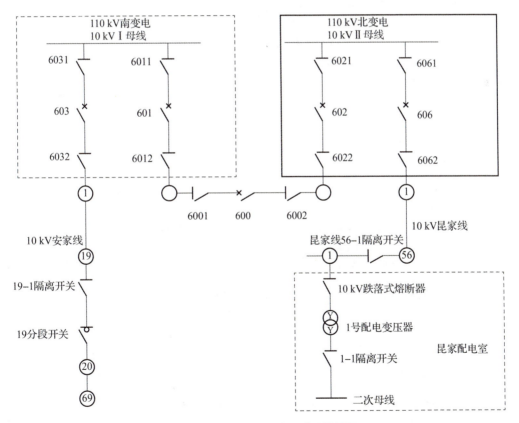

图 6-19　电力线路一次系统及接线图

(1) 操作任务 10 kV 昆家支线昆家配电室 1 号配电变压器由空载运行转为检修。请根据图 6-19 填写下列操作票：

_____倒闸操作票

NO _____

发令人		受令人		发令时间		年　　月　　日
操作开始时间			年　月　日　时　分	操作结束时间		年　月　日　时　分
（　）监护下操作　（　）单人操作　（　）检修人员操作							
操作任务：10 kV 昆家支线昆家配电室 1 号配电变压器由空载运行转为检修						

顺序	操作项目	√
1	检查 10 kV 昆家支线赵家配电变压器室 1 号配电变压器所处地理位置正确	
2	检查 1 号配电变压器 1－1 隔离开关三相确已断开	
3	断开 1 号配电变压器 10 kV 侧 V 相跌落式熔断器并取下熔管	
4	检查 1 号配电变压器 10 kV 侧 V 相跌落式熔断器熔管确已取下	
5	断开 1 号配电变压器 10 kV 侧 U 相跌落式熔断器并取下熔管	
6	检查 1 号配电变压器 10 kV 侧 U 相跌落式熔断器熔管确已取下	
7	断开 1 号配电变压器 10 kV 侧 W 相跌落式熔断器并取下熔管	
8	检查 1 号配电变压器 10 kV 侧 W 相跌落式熔断器熔管确已取下	
9	在 1 号配电变压器 10 kV 跌落式熔断器与 1 号配电变压器间验电确无电压	
10	在 1 号配电变压器 10 kV 跌落式熔断器与 1 号配电变压器间装设 1 号接地线	
11	在 1 号配电变压器低压侧出线与 1－1 隔离开关之间验电确无电压	
12	在 1 号配电变压器低压侧出线与 1－1 隔离开关之间装设 2 号接地线	
	↵	

备注：
1. 操作前，必须检查确认昆家配电变压器室位置正确，方可打开配电变压器室门锁进行操作。
2. 分相断开配电变压器 10 kV 侧跌落式熔断器时，要先断开中相跌落式熔断器，再断开边相跌落式熔断器。
3. 分相断开配电变压器 10 kV 侧跌落式熔断器前，必须检查配电变压器二次侧确已停电，即检查配电变压器二次侧总隔离开关三相确已断开。
4. 装设接地线必须先接接地端，后接导体端，且必须接触良好，严禁用缠绕方式接地。
5. 验电要用合格的相应电压等级的专用验电器。验电前应将验电器在有电设备上进行校验，确保备注验电器合格。
6. 验电时必须对设备 U、V、W 三相逐一验电，保证确无电压。
7. 当验明设备确无电压后，对检修设备接地并三相短路。
8. 操作人在装设接地线时，监护人严禁帮助操作人拉、拽接地线，以免失去操作监护。
9. 当验明设备确无电压后，对检修设备接地并三相短路。
10. 操作人在装设接地线时，监护人严禁帮助操作人拉、拽接地线，以免失去操作监护。
11. 10 kV 昆家支线赵家配电变压器室 1 号配电变压器二次侧没有反送电电源。
12. 户外有风天气操作跌落式熔断器，在停电时，断开中间相后，应先断背风相，后断迎风相；送电时，应先闭合迎风相，后闭合背风相，最后闭合中间相

操作人：　　　　　　监护人：　　　　　　值班负责人（值班长）：

(2) 操作任务：10 kV 昆家支线昆家配电室 1 号配电变压器由检修转为空载运行。请根据图 6-19 填写下列操作票：

_____倒闸操作票

NO _____

发令人		受令人		发令时间		年　月　日
操作开始时间			年　月　日　时　分	操作结束时间		年　月　日　时　分
	（　）监护下操作　　（　）单人操作　　（　）检修人员操作					
操作任务：							

顺序	操作项目	√

备注：

操作人：　　　　　监护人：　　　　　值班负责人（值班长）：

6.5　企　业　案　例

倒闸误操作　造成恶性误操作事故

2004 年 7 月 5 日，某供电局 110 kV 无人值班变电站操作队运行人员在对某电气检修设备自检修转运行的过程中，忘记拆除检修设备上所挂的接地线，从而造成带地线合闸送电的恶性误操作事故。

1. 事故经过

2004年7月5日下午，黄某等3人在110 kV无人值班变电站从事1号主变10 kV 901号开关储能电机的更换工作。16时，操作队正值刘某接受工作任务后，将该站1号变901号开关由停用转检修，并将在1号主变的9011号刀闸与901号开关之间、在1号主变10 kV侧避雷器与901号开关之间的接地点放在10 kV开关室外，执行该项操作任务时，根据技术员陈某的建议，将2组接地线都挂在开关柜内开关的两侧。此项操作未在"五防"模拟图上演习，而是直接解锁操作。

17时37分，901号开关储能电机的更换工作完成后，操作队现场人员办理了工作票的终结手续，正值刘某在工作票"工作终结"栏许可人处签了字，同时在接地线拆除栏填写了接地线编号、组数，并签了名。但接地线实际并未拆除。这时刘某向调度汇报该站1号主变10 kV 901号开关更换储能电机工作结束，申请投入1号主变。地调李某随即下令，将1号主变901号开关由停用转运行，刘某受令后，由副值程某准备操作票。当操作票还未填写完整时，技术员陈某就监护正值刘某在"五防"模拟图板上进行演习，随后正值刘某便监护副值杨某在后台机上进行操作。18时52分，当合上110 kV丹苏西151号开关时，突然发生猛烈炸响，1号主变差动保护动作，151号开关跳闸。到此时，操作队人员才猛然醒悟，忘记拆除地线，造成了带地线合闸送电的恶性误操作事故。

此次误操作事故使1号主变901号开关因三相严重短路而烧坏（ZN63A型开关柜内装VS1真空开关）。

2. 事故原因

（1）倒闸操作人员严重违规，违反了《安规》中关于倒闸操作全过程都要录音并做好记录，持票模拟演习，然后再进行实际设备操作的规定。此事故中操作队人员无票进行操作，而开好的倒闸操作票既不合格又未使用（该站操作票只填写了时间、任务、顺序内容而无监护人，操作队值班负责人也未签名，也无开始操作时间）。这一点是此次事故发生的主要原因。

（2）检修工作一旦结束，双方履行了工作终结手续，操作队人员应立即拆除该工作地点所挂所有组数接地线。但操作队人员在901号开关的工作全部结束后，未及时拆除接地线，这是带地线合闸事故发生的根本原因。

（3）该站接线较简单，当天工作也不多，倒闸操作也不复杂，但值班记录上错误却很多，接地线也未在上面反映出来。对1号主变回路合闸送电，操作队在场人员起码应该对该送电回路有无短路接地线及杂物等进行一次全面的详细检查，才可送电。这些基本的工作要领也被操作队人员遗忘了。

（4）操作中严重违反《运行规程》中关于倒闸操作制度及防误装置解锁操作规定。操作人员在执行将1号主变901开关由停用转检修的操作任务时，未在"五防"模拟图板上演习，便擅自使用解锁钥匙解锁，装设接地线，致使在送电倒闸操作时防误装置未能起到应有的防误作用。

（5）当天工作现场有操作队队长、技术员、班长、正值等6人，现场缺乏统一的工作指挥，对当天的工作、倒闸、安全送电等重视不够，特别是对重要部位的检查出现严重疏漏。

(6) 违反了《安规》中关于工作终结制度的规定，即："只有在同一停电系统的所有工作票结束，拆除所有接地线、临时遮拦和标示牌，恢复常设遮拦，并得到值班调度员或值班负责人的许可命令后，方可合闸送电。"但正值在未经过核实接地线是否已经拆除的情况下，就在工作票的接地线拆除栏填写了拆除的接地线编号、组数，并签了名。此后又向调度汇报了工作结束，可以投入运行。说明当值人员对工作中关键性的问题缺乏核实和应有的责任心，对履行工作终结手续的原则不清楚、执行不力。

(7) 无票操作也发生在接地线的使用管理上。安装的接地线未按要求持票操作，也未在接地线使用记录上登记。同时也反映出对工作终结后接地线的拆除存在随意性，潜意识中认为验收后就已将接地线拆除，而不是以是否执行了拆除接地线的倒闸操作票为准。

(8) 严重违反倒闸操作制度，在倒闸操作票还未填写完的情况下，即无票进行设备倒闸操作，而且在倒闸操作中，还中途换人，犯了倒闸操作的大忌。

3. 事故防范措施

(1) 认真组织，合理安排，按照事故调查"四不放过"的原则，全方位、多层次地进行事故分析和安全教育工作。认真吸取事故教训，提高全局职工对安全生产重要性的再认识，并要求每位职工对照此事故，有针对性地写出反习惯性违章的心得体会。同时，将每年的 7 月 5 日作为"安全生产教育日"以警示教育职工，"安全生产不能忘，规章制度不能忘"。

(2) 以本次事故为反面教材，加强职工安全法规教育，持续推进"三无"（无违章企业、无违章班组、无违章职工）工作。举办工作票、操作票学习班，提高职工对认真填写和执行"两票"工作重要性的认识。同时，针对近年来新投、改建投入设备较多的特点，有针对性地开展职工技能培训，全面提高职工技术水平，并进行严格的考试。

(3) 坚决堵塞安全管理漏洞，对 24 个变电站的接地线使用登记、防误解锁钥匙的管理进行全面清理，修改完善管理制度，以杜绝运行值班人员随意使用解锁钥匙和接地线管理不规范等问题。制定检修标准化作业卡，以实现变电、线路设备检修作业管理的规范化、标准化。安监部收集整理危险点资料，完成"危险点分析和控制措施"的完善工作，行文下发执行。与此同时，安监部还组织值日安全监察师培训班，以提高监督工作水平，从而提高和改进工作质量和监督效果，认真吸取事故的惨痛教训，积极落实各项反事故措施，彻底扭转安全生产的被动局面。

项目 7

低压照明电路的安装与检修

学习情境描述

某用户关灯之后灯还会出现频闪,经电气维修人员检查,该灯的开关控制了零线,火线直接进入灯具,电气维修人员重新进行线路连接,调整为开关控制火线,零线直接进入灯具,解决了该住户照明频闪问题。照明是利用各种光源照亮工作和生活场所或个别物体的措施,而利用一定的设备把电能转化为光能叫电气照明,通过导线将室内照明设备连接起来的电路统称为低压照明电路。低压照明电路是我们在生活中接触最为频繁的电路,它的安装、调试和检修是电气施工人员必须掌握的专业技能。

学习目标

1. 掌握低压照明电路的常用元器件原理。
2. 掌握低压照明电路配线的方式与基本要求。
3. 掌握低压照明电路的施工工艺。
4. 掌握低压照明电路检查与故障排除的方法。
5. 培养学生精雕细琢、精益求精的工匠精神。

7.1 低压照明电路常用元器件

引导问题:查找、收集低压照明电路常用元器件相关资料,并填写在下列空白处。

7.1.1 单相电能表

电能表(见图7-1)是计量电能的仪表。凡是计量用电量的地方,都要使用电能表。电能表可以计量交流电能,也可以计量直流电能;在计量交流电能的电能表中,又可分成计量有功电能的电能表和计量无功电能的电能表。

图7-1 电能表

101

单相电能表,有两个接进线,两个接出线。按照进出线的排列顺序不同,单相电能表可分为顺入式接线和跳入式接线(见图7-2)。

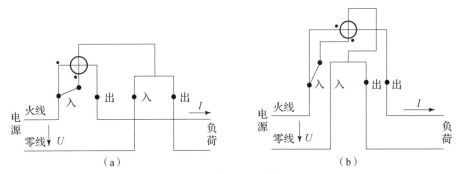

图7-2 单相电能表接线图
(a) 顺入式接线;(b) 跳入式接线

对于一个具体的单相电能表,它的接线方法是确定的,在使用说明书上都有说明,一般在接线端盖的背后印有接线图。另外,还可以用万用表的电阻挡来判断电能表的接线。电能表的电流线圈串在负荷回路中,它的导线粗,匝数少,电阻值近似为_____;而电压线圈与负荷并联,导线细,匝数多,其电阻_____。因此很容易把它们区分开来。

7.1.2 漏电保护开关

漏电保护开关(见图7-3)也叫漏电断路器,是一种电气安全装置。将漏电断路器安装在低压电路中,当发生_____,且达到所限定的动作电流值时,就立即在限定的时间内动作自动断开电源进行保护。

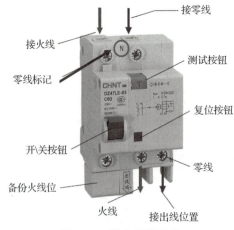

图7-3 漏电保护开关

安装注意事项

(1) 标有电源侧和负荷侧的漏电保护器不得接反。如果接反,会导致电子式漏电保护器的脱扣线圈无法随电源切断而断电,以致长时间通电而烧毁。

(2) 安装漏电保护器不得拆除或放弃原有的安全防护措施,漏电保护器只能作为电气安全防护系统中的附加保护措施。

（3）安装漏电保护器时，必须严格区分中性线和保护线。使用三极四线式和四极四线式漏电保护器时，中性线应接入漏电保护器。经过漏电保护器的_____不得作为保护线。

（4）工作零线不得在漏电保护器负荷侧重复接地，否则漏电保护器不能正常工作。

（5）采用漏电保护器的支路，其工作零线只能作为本回路的零线，禁止与其他回路工作零线相连，其他线路或设备也不能借用已采用漏电保护器后的线路或设备的工作零线。

（6）漏电保护器在使用中发生跳闸，经检查未发现开关动作原因时，允许试送电_____ _____次，如果再次跳闸，应查明原因，找出故障，不得连续强行送电。

7.1.3 刀开关

刀开关又名闸刀（见图7-4），一般用于不需经常切断与闭合的交、直流低压（不大于500 V）电路，在额定电压下其工作电流不能超过额定值。

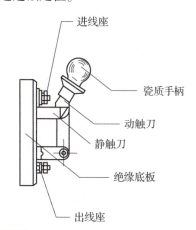

图7-4 刀开关

使用注意事项：

（1）电源进线应接在静触点一边的进线座（进线端应在上方），用电设备应接在动触点一边的出线座。这样，当开关断开时，闸刀和熔丝均不带电。

（2）刀开关在合闸状态下手柄应该向上，不能倒装或平装，以防闸刀松动落下时误合闸。

（3）更换熔体时，必须在闸刀断开的情况下按原规格更换。

（4）分合闸时，动作迅速，电弧尽快熄灭。

7.1.4 插座

插座又称电源插座、开关插座，是指有一个或一个以上电路接线可插入的座，通过它可插入各种接线，这样便于与其他电路接通。通过线路与铜件之间的连接与断开，最终达到该部分电路的接通与断开。

1. 插座接线（见图 7-5）

两孔插座：左零右火、上零下火；

三孔插座：左零右火中 PE；

三相四孔插座：左 U 右 W 中下 V 中上 PE。

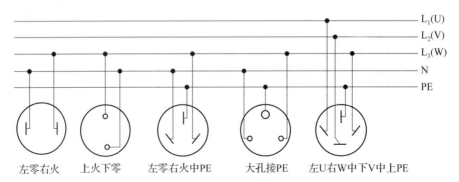

图 7-5 插座接线

2. 开关的拆装（见图 7-6）

用一字起取下边框，取出两侧螺丝钉即可。

图 7-6 插座拆装

3. 插座额定值

家居装修中插座之所以分为 10 A 和 16 A 两种，是因为插座的额定电流不同，因此，不同插座所能负载的电器功率的大小也不同。10 A 插座负载功率约为 2 200 W，16 A 插座负载功率约为 3 500 W。一般的插座 16 A 的都是三孔的，10 A 的都是五孔的。而且 16 A 插座三个孔之间的距离要比 10 A 的间距大一些（见图 7-7），因为不同插座负载电器功率的能力不同，在居家装修中，要根据电器需求合理规划插座。家庭中常见的小功率电器基本上都使用 10 A 的插头，所以对应使用 10 A 的插座，比如电视机、电冰箱、电脑等，在家庭中一些功率比较大的电器插头大多是 16 A 的，相对应的也要搭配 16 A 的插座，比如家里常用的壁挂式空调、柜式空调、电热水器等。

4. 插座安装注意事项

（1）明装插座距地面最好不低于_____ m；暗装插座距地面不要低于_____ m。厨房和卫生间的插座应距地面 1.5 m 以上，空调的插座至少要 2 m 以上，地插尽量选择 IP55 级以上。

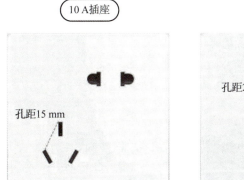

图 7–7 插座额定值

（2）有油污、水溅的场所，插座面板上最好安装_____，能有效防止因油污、水汽侵入引起的短路。

（3）有小孩的家庭，为了防止儿童用手指触摸或金属物捅插座孔眼，则要选用_____的安全插座。

（4）插座的负荷要在其额定功率范围内，超负荷会使插座电流增大并发热导致插座烧毁或线路短路损坏电器，更容易引起火灾。

（5）移动式插板注意插板与电线的接口处，有时会有磨损至电线开裂造成短路失火的情况发生。

7.1.5 开关

照明开关（见图 7–8）起接通和断开电路的作用。照明开关按安装条件可分为明装式和暗装式，按使用方式分为拉线开关和翘板开关，按构造分为单联、双联和三联开关以及声控光开关。声控开关可在环境光照度低到一定数值时，通过声音振动实现闭合，延时一段时间后自动断开。开关按外壳防护形式还可分为普通式、防水防尘式、防爆式等。开关规格以额定电压和额定电流来表示，室内开关的额定电压一般为 250 V，电流一般为 3~10 A。

图 7–8 照明开关

1. 开关结构及符号（见图 7–9）

单联开关内部结构及图形符号如图 7–9（a）所示，双联开关内部结构及图形符号如图 7–9（b）所示。

单联开关在电路中单个使用便可控制电路的通断，双联开关常用于双控开关照明电路（见图 7–10），在双控电路中需两个双联开关配套使用才能控制电路的通断。

2. 开关安装注意事项

（1）建筑施工规范规定开关必须安装在_____上，开关断电后灯具上就不会带电，比较安全。如果把开关安装在工作零线上，当开关断开后，灯灭了以后在灯的灯口仍有高电压，修理灯时比较危险。所以，在检修灯具时，应该用电笔试一下，如果发光就表示仍有电，不发光则表示开关接线正确。

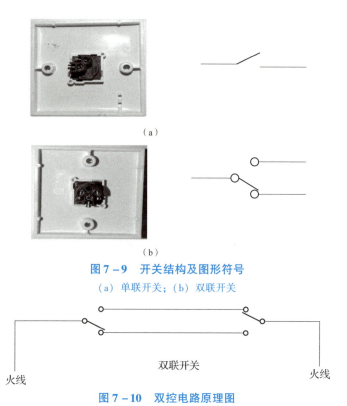

图 7-9 开关结构及图形符号
(a) 单联开关；(b) 双联开关

图 7-10 双控电路原理图

（2）室内照明开关一般安装在门边易于操作的地方。拉线开关的安装高度一般离地 2~3 m，按钮开关一般离地 1.3 m。安装时，同一建筑物内的开关宜采用同一系列产品，并应操作灵活，接触可靠。还要考虑使用环境以选择合适的外壳防护形式。

7.1.6 灯具

灯具是指能透光、分配和改变光源光分布的器具，包括除光源外所有用于固定和保护光源所需的全部零部件，以及与电源连接所必需的线路附件。螺口灯座（见图 7-11）与螺纹相连的接线端应接_____，_____必须与灯座上连通中心簧片的接线柱相接，以防换灯头时手触摸到螺纹部分而触电。

图 7-11 螺口灯座

7.2 低压照明电路的安装

引导问题：查找、收集低压照明电路安装的相关资料，并填写在下列空白处。

7.2.1 室内配线基本要求

1. 配线方式

根据敷设方式的不同，通常可将室内配线分为明敷设和暗敷设两种。_____指的是将绝缘导线直接敷设于墙壁、顶棚的表面及桁架、支架等处，或将绝缘导线穿于导管内敷设于墙壁、顶棚的表面及桁架、支架等处。_____指的是将绝缘导线穿于导管内，在墙壁、顶棚、地坪及楼板等内部敷设或在混凝土板孔内敷设。

2. 配线工艺

由于室内配线方法的不同，技术要求也有所不同，无论何种配线方法必须符合室内配线的基本要求，即室内配线应遵循的基本原则。

（1）使用的导线的额定电流应_____线路的工作电流。

（2）导线必须分色，如发现未按红色为_____，蓝色为_____，白色为控制线，双色线（黄/绿）为_____的，必须马上返工。

（3）导线在开光盒、插座盒（箱）内留线长度不应小于 150 mm。

（4）地线与公用导线如通过盒内不可剪断直接通过的，也应在盒内留一定余地。

（5）如遇大功率用电器，分线盒内主线达不到负荷要求时，需走专线。且线径的大小和空气开关额定电流的大小也要同时考虑。

（6）接线盒（箱）内导线接头采取焊接且须用防水绝缘黏性好的胶带牢固包缠。

（7）弱电（电话、电视、网线）导线与强电导线严禁共槽共管，弱电线槽与强电线槽平行间距大于等于 300 mm，在连接处，电视线必须用接线盒与电视分配器连接。

（8）保证施工和运行操作及维修的方便。

（9）室内配线及电器设备安装应有助于建筑物的美化。

（10）在保证安全、可靠、方便、美观的前提下，应考虑其经济性，做到合理施工，节约资金。

7.2.2 室内配线施工工序

（1）定位划线。根据施工图纸确定电器安装位置、线路敷设途径、线路支持件及导线穿过墙壁和楼板的位置等。

（2）预埋支持件。在土建抹灰前对线路所有固定点处应打好孔洞，并预埋好支持件。

（3）装设绝缘支持物、线夹、导管。

（4）敷设导线。

(5) 安装灯具、开关及电器设备等。
(6) 测试导线绝缘、连接导线。
(7) 校验、自检、试通电。

低压照明电路的
安装与调试

7.2.3 低压照明任务实施

（1）按图 7-12 所示电路准备好所需的元器件，并把元器件固定在网孔板上。
（2）用万用表测量所用元器件的好坏。
（3）根据工艺要求按图安装线路。

安装线路的工艺要求："横平竖直，拐弯成直角，少用导线少交叉，多线并拢一起走。"其意思是横线要水平，竖线要垂直，转弯要直角，不能有斜线；接线时，要尽量避免交叉线，如果一个方向有多条导线，要并在一起走。

（4）用兆欧表分别测量接地线与火线、接地线与零线、火线与零线之间的绝缘电阻。将被测的两端分别与绝缘电阻表两接线端相连，当指针基本稳定后读数，低于 0.5 MΩ 为绝缘不良，应检查线路有无破损。用万用表检查线路情况。将万用表置于 "R×1 k" 挡，闭合 QF_2 和 QF_3，两个表笔放在 QF_1 下方火线零线上，如果一开始读数为零，则说明线路火线零线有_____现象，要马上寻找故障点；当读数显示 "∞" 时，闭合 QF_2，按下开关 K_1，如果测到灯的电阻，则表明火线到单控开关的线路没有问题。

双控开关检测方法_____。

（5）通过自检、互检、师检，检查正确后，合上开关 QF_1、QF_2，接通电源，合上 K_1、K_2 和 K_3，观察灯的发光情况。
（6）用万用表测量插座上的电压，并判断插座是否是左零右火。
（7）通电完毕，断开开关 QF_1、QF_2、QF_3，切断电源。

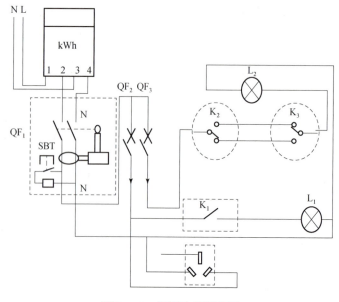

图 7-12 照明电路原理图

7.2.4 故障排除

1. 通电后灯泡不亮可能出现的原因及排除方法

（1）电源进线无电压，检查是否停电，若停电，查找系统线路停电的原因，并处理。

（2）灯座或开关接触不良，检修或更换灯座、开关。

（3）灯丝断裂，更换灯泡。

（4）线路断路，修复线路。

2. 灯泡强烈发光后瞬时烧坏的可能原因及排除方法

_____
_____
_____
_____
_____
_____
_____
_____

3. 灯光时亮时灭的可能原因及排除方法

_____
_____
_____
_____
_____
_____
_____
_____

4. 通电后按下开关 K_1，QF_1 自动断开的可能原因及排除方法

_____
_____
_____
_____
_____
_____
_____
_____

任务实施：低压照明电路的安装与检修

（1）根据低压照明电路安装规范及要求，按图 7-12 制订电气作业过程中，低压照明电路安装的行动计划（填写下表对应的操作要点及注意事项）。

操作流程		
序号	作业项目	操作要点
1	检测、安装元器件	
2	安装线路	
3	静态检测	
4	通电试车	
作业注意事项		
审核意见		日期： 签字：

（2）请根据作业计划，完成小组成员任务分工，按要求填写下表。

操作人		记录员、监护人	
1. 检测、安装元器件			
检测、安装元器件详细过程			
2. 线路安装			
安装线路详细过程			
3. 静态检测			
静态检测详细过程			
判断线路具体情况			
4. 通电试车			
通电试车详细过程			

（3）请实训指导教师检查本组作业结果，并针对实训过程出现的问题提出改进措施及建议。

项目 7　低压照明电路的安装与检修

序号	评价标准	评价结果
1	检测、安装元器件方法是否符合规范	
2	线路安装是否符合工艺标准	
3	静态检测是否准确、到位	
4	通电试车是否符合操作规范	
综合评价		
综合评语（改进意见）		

（4）请根据自己在课堂中的实际表现进行自我反思和自我评价。

自我反思	
自我评价	

（5）实训成绩。

项目	评分标准	分值	得分
接收工作任务	明确工作任务，理解任务在企业工作中的重要程度	5	
收集信息	掌握低压照明电路所用元器件的原理	5	
	掌握低压照明电路安装、维修操作规范及操作要点	10	
制订计划	按照计划流程，制订合适的作业计划	10	
	能协同小组人员安排任务分工	5	
	能在实施前准备好所需要的工具器材	5	
实施计划	规范进行场地布置及情景模拟	8	
	检测、安装元器件完成情况	10	
	线路安装完成情况	10	
	静态检测完成情况	10	
	通电试车完成情况	10	
质量检查	完成任务，操作过程规范，精益求精，具有绿色环保意识，养成爱岗敬业、遵守操作规程的良好作风	5	
评价反馈	能对自身表现情况进行客观评价	4	
	在任务实施过程中发现自身问题	3	
得分（满分 100 分）			

7.3 企业案例

绝缘破坏　电击死亡

1. 事故经过

2002 年 9 月 11 日,因台风下雨,深圳市南山区某工程人工挖孔桩施工停工,雨停后,工人们返回工作岗位进行作业。约 15 时 30 分,又下一阵雨,大部分工人停止作业返回宿舍,25 号和 7 号桩孔因地质情况特殊需继续施工(25 号由江某某等两人负责),此时,配电箱进线端电线因无穿管保护,被电箱进口处割破绝缘造成电箱外壳、PE 线、提升机械以及钢丝绳、吊桶带电,江某某触及带电的吊桶遭电击,经抢救无效死亡。

2. 事故原因分析

(1)电源线进配电箱处无套管保护,金属箱体电线进口处也未设护套,使电线磨损破皮。

(2)电气开关的选用不合理、不匹配,漏电保护装置参数选择偏大、不匹配。

(3)现场施工用电管理不健全,用电档案建立不健全。

3. 事故防范措施

(1)加强施工现场用电安全管理。

(2)现场用电的线路架设、接地装置的设置、电箱漏电保护器的选用要严格按照用电规范进行。

(3)建立健全施工现场用电安全技术档案,包括用电施工组织设计、技术交底资料、用电工程检查记录、电气设备试验调试记录、接地电阻测定记录和电工工作记录等。

项目 8

登高作业

 学习情境描述

10 kV 某输电线路所采用的绝缘子均为普通型瓷质绝缘子,运行多年后已逐步老化,对线路稳定运行存在安全隐患。现制订更换绝缘子串施工方案,施工主要工具有安全带、安全帽、传递绳、脚扣、登高踏板等,经过电气工作人员的辛勤工作及时消除安全隐患,全力保障电力供应和用电安全。在电工作业现场,常常借助于登高用具或登高设施,在攀登条件下进行的高处作业,称为登高作业。所谓登高作业,是指人在一定位置为基准的高处进行的作业。在外线电气线路、配电设备的安装、维护及检修中登高技能起着十分重要的作用。

 学习目标

1. 掌握登高安全用具的使用方法。
2. 掌握使用登高板登高的技能。
3. 掌握使用脚扣登高的技能。
4. 培养学生具有较高的职业素养与安全意识。

小提示

凡在坠落高度基准面 2 m 以上(含 2 m)有可能坠落的高处进行的作业,均称为高处作业。
高处作业的级别可以分四级:
高处作业在 2~5 m 时,为一级高处作业;
高处作业在 5~15 m 时,为二级高处作业;
高处作业在 15~30 m 时,为三级高处作业;
高处作业在大于 30 m 时,为特级高处作业。

8.1 登高安全用具

引导问题:查找、收集登高安全用具相关资料,并填写在下列空白处。

登高作业

8.1.1 安全帽

登高安全用具

1. 安全帽的构成

安全帽是用来保护_____而戴的浅圆顶帽子，防止冲击物伤害头部的防护用品。安全帽由帽壳、帽衬、下颏带和后箍组成。帽壳呈半球形，坚固、光滑并有一定弹性，打击物的冲击和穿刺动能主要由帽壳承受。帽壳和帽衬之间留有一定空间，可缓冲、分散瞬时冲击力，从而避免或减轻对头部的直接伤害。安全帽的佩戴要符合标准（见图 8-1），使用要符合规定。如果佩戴和使用不正确，就起不到充分的防护作用。

图 8-1 安全帽的正确佩戴示意图

2. 佩戴安全帽注意事项

（1）戴安全帽前，应将帽后调整带按自己头型调整到适合的位置，然后将帽内弹性带系牢。缓冲衬垫的松紧由带子调节，人的头顶和帽体内顶部的空间垂直距离一般在 25～50 mm。这样才能保证当遭受到冲击时，帽体有足够的空间可供缓冲，平时也有利于头和帽体间的通风。

（2）不要把安全帽歪戴，也不要把帽檐戴在脑后方。否则，_____防护作用。

（3）安全帽的下颏带必须扣在颌下，并系牢，松紧要适度。这样不容易被其他障碍物碰掉，或者由于头的前后摆动，使安全帽脱落。

（4）安全帽体顶部除了在帽体内部安装了帽衬外，有的还开了小孔通风。但在使用时不要为了透气而_____。因为这样做会将安全帽的强度降低。

（5）使用者不能随意在安全帽上拆卸或添加附件，以免影响其原有的防护性能。

（6）安全帽在使用过程中，会逐渐损坏。所以要定期检查，检查有没有龟裂、下凹、裂痕和磨损等情况，发现异常现象要_____，不得继续使用。任何受过重击、有裂痕的安全帽，不论有无损坏现象，均应_____。

（7）严禁使用只有下颏带与帽壳连接的安全帽，也就是帽内无缓冲层的安全帽。

（8）施工人员在现场作业中，不得将安全帽脱下，搁置一旁，或当坐垫使用。

（9）安全帽不能在有酸、碱或化学试剂污染的环境中存放。由于安全帽大部分是使用高密度低压聚乙烯塑料制成，具有硬化和变蜕的性质。所以不易长时间在阳光下曝晒。

（10）新领的安全帽，首先检查是否有劳动部门允许生产的证明及产品合格证，再看是否破损、薄厚不均，缓冲层及调整带和弹性带是否齐全有效。不符合规定要求的，应立即调换。

8.1.2 安全带

1. 安全带的构成

安全带是防止高处作业人员发生坠落或发生坠落后将作业人员安全悬挂的个体防护装备，安全带包括_____、_____和_____。腰带用来系挂保险绳、腰绳和吊物绳，系在腰部以下、臀部以上的部位，如图 8-2 所示。

2. 安全带使用注意事项

(1) 禁止将安全带挂在不牢固或带尖锐角的构件上。
(2) _____安全带来传递重物。
(3) 使用同一类型安全带，各部件不能擅自更换。
(4) 要束紧腰带，腰扣组件必须系紧系正。
(5) 使用时必须_____。

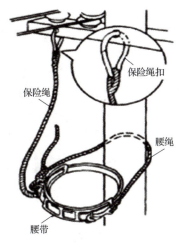

图 8-2 安全带使用示意图

8.2 梯　　子

梯子有_____和_____梯两种。梯子的地脚上应装有_____，人字梯的中间还应有_____。梯子在使用时先要放稳，直梯与地面的夹角要合适（60°为宜），以防梯子倾倒；人字梯在使用时，要站在梯子的一侧操作，不能站在_____，以防梯子失稳，如图 8-3 所示。梯子的高度应与作业现场的高度相适应，太高或太低都会给操作带来不便。使用的梯子应坚固无裂纹，结构合理。梯子的允许荷重应大于作业人员的体重及所带有的工具及材料的全部重量。登杆或梯上作业时，工具及材料的传递应用_____，严禁抛掷。小绳不准系在_____，一般可系在横担或固定可靠处。梯上、梯下的作业人员应戴_____，上下作业人员应呼应，同时应注意行人及车辆，必要时应有专人看护。

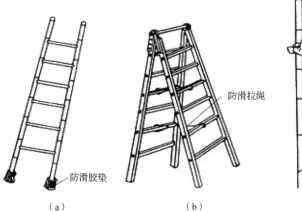

梯子

图 8-3 梯子使用示意图
(a) 直梯；(b) 人字梯；(c) 电工在梯子上作业时的站立姿势

8.3 登高板

登高板又称踏板（见图8-4），用于攀登电杆，由木板、绳索、挂钩组成。

登高板

图8-4 登高板

1. 登高板使用的注意事项

（1）踏板使用前，要检查踏板有无裂纹或腐朽，绳索有无断股。

（2）踏板挂钩时必须_____，钩口_____、_____，切勿反勾，以免造成脱钩事故。

（3）登杆前，应先将踏板勾挂好，使踏板离地面15~20 cm，进行_____，检查踏板有无下滑、是否可靠。

（4）上杆时，左手扶住钩子下方绳子，然后用右脚脚尖顶住水泥杆塔，再上另一只脚。

（5）为了保证在杆上作业时身体平稳，不使踏板摇晃，站立时两脚前掌内侧应_____（见图8-5）。

2. 登高板使用的方法

1）登杆

（1）登杆时将一只登高板背在身上（钩子朝电杆面，木板朝人体背面），左手握绳、右手持钩。

（2）从电杆背面适当位置绕到正面并将钩子朝上挂稳。

（3）右手收紧（围杆）绳子并抓紧板上两根绳子，左手压紧踏板左边绳内侧端部，右脚登在板上，左脚上板绞紧左边绳。

（4）第二板从电杆背面绕到正面并将钩子朝上挂稳，右手收紧（围杆）绳子并抓紧上板两根绳子，左手压紧踏板左边绳内侧端部，右脚登上板，左脚蹬在杆上。

图8-5 登高板杆上作业

（5）左大腿靠近升降板，右腿膝肘部挂紧绳子，侧身，右手握住下板钩脱钩取板，左脚上板绞紧左边绳，依次交替进行完成登杆工作。

2）下杆

（1）下杆时先把上板取下，钩口朝上。

（2）在大腿部对应杆身上挂板，左手握住上板左边绳，右手握上板绳，抽出左腿，侧身。

（3）左手压等高板左端部，左脚蹬在电杆上，右腿膝肘部挂紧绳子并向外顶出，上板靠近左大腿。

（4）左手松出，在下板挂钩100 mm左右处握住绳子，左右摇动使其围杆下落，同时左脚下滑至适当位置蹬杆，定住下板绳（钩口朝上），左手握住上板左边绳（右手握绳处下），右手松出左边绳，只握右边绳，双手下滑，同时右脚下上板、踩下板。

（5）左腿绞紧左边绳、踩下板，左手扶杆，右手握住上板，向上晃动松下上板，挂下板，依次交替进行完成下杆工作。

8.4 脚　　扣

脚扣（见图8-6）用于攀登电杆，由弧形扣环和脚套组成，分为木杆脚扣和水泥杆脚扣两种。水泥杆脚扣扣环上有橡胶皮套，可用于攀登木杆。但木杆脚扣扣环上有铁齿，不能攀登_____。

图8-6　脚扣

脚扣

1. 脚扣使用注意事项

（1）检查脚扣是否完好，勿使过于滑钝和锋利，脚扣带必须坚韧耐用；脚扣登板与钩处必须铆固。

（2）把脚扣卡在离地面30 mm左右的电杆上，一脚悬起，一脚用最大力量猛踩，做冲击试验。

（3）脚扣的大小要适合电杆的粗细，切勿因不适合用而把脚扣扩大缩小，以防折断。

（4）水泥杆脚扣上的胶垫和胶垫根，应保持完整，破裂露出胶里线时应予更换。

2. 脚扣使用方法（见图8-7）

（1）登杆作业时穿戴好_____、_____，脚固定好脚扣。

（2）安全带绑住电线杆（不要太紧，能上下活动为宜）。

（3）身体后倾，左右脚交替用力向上攀登（单脚支撑，另一只脚向上提，将脚扣卡在支撑脚上方15~20 cm

图8-7　脚扣使用示意图

的地方，卡好后替换支撑脚；同理，将另一只脚向上提，将脚扣卡在支撑脚上方 15 ~ 20 cm 的地方，直至作业地点）。

（4）到达作业地点后，需挂好安全带才可以开始作业。作业完毕后，将安全带绑住电线杆（不要太紧，能上下活动为宜），左右交替用力向下攀登（动作要领和上杆方法相反，向下运动）。

8.5　登高作业注意事项

接地线

（1）工作人员必须系好安全腰带。作业时安全腰带应系在电杆或牢固的构架上。
（2）转角杆不宜从内角侧上下电杆。正在紧线时不应从紧线侧上下电杆。
（3）检查横担腐朽、锈蚀情况，严禁攀登腐朽、锈蚀超限的横担。
（4）杆上作业所用工具、材料应装在工具袋内，用绳子传递。严禁上下抛扔工具和材料。
（5）地上人员应离开作业电杆安全距离以外，杆上、地上人员均应戴安全帽。
（6）登杆前应先检查杆身是否倾斜或破损，拉线是否牢固，杆根及基础是否牢固。
（7）登杆前应先检查杆上有无障碍，杆型较复杂的要先考虑登杆的路径，同时应考虑登杆后的站位。

任务实施：登高作业挂设接地线

（1）根据登高作业及挂设接地线安装规范及要求，制订电气作业过程中，登高作业挂设接地线的行动计划（填写下表对应的操作要点及注意事项）。

操作流程		
序号	作业项目	操作要点
1	登高作业准备工作	
2	登高过程中	
3	电杆上挂设接地线	
4	下杆过程及收尾工作	
作业注意事项		
审核意见		日期： 签字：

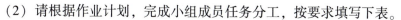

（2）请根据作业计划，完成小组成员任务分工，按要求填写下表。

操作人		监护人		记录员	
1. 登高作业准备工作					
验电器、登高用具、安全用具、绝缘手套、登杆杆号、接地线详细检查过程					
2. 登高过程中					
登高详细过程					
3. 电杆上挂设接地线					
验电器、绝缘手套及接地线详细使用过程					
4. 下杆过程及收尾工作					
下杆详细过程					

（3）请实训指导教师检查本组作业结果，并针对实训过程出现的问题提出改进措施及建议。

序号	评价标准	评价结果
1	绝缘手套、验电器、登高用具、安全用具、登杆杆号、接地线检查是否符合规范	
2	登高是否符合操作规范	
3	绝缘手套、验电器、接地线、安全带使用是否符合操作规范	
4	是否检查杆塔上、导线上及瓷瓶上有无遗留的工具、材料等	
综合评价		
综合评语（改进意见）		

（4）请根据自己在课堂中的实际表现进行自我反思和自我评价。

自我反思	
自我评价	

（5）实训成绩。

项目	评分标准	分值	得分
接收工作任务	明确工作任务，理解任务在企业工作中的重要程度	5	
收集信息	掌握登高作业操作规范及操作要点	10	
制订计划	按照计划流程，制订合适的作业计划	10	
	能协同小组人员安排任务分工	5	
	能在实施前准备好需要的工具器材	5	
实施计划	规范进行场地布置及情景模拟	10	
	登高作业准备工作完成情况	10	
	登杆及下杆过程完成情况	10	
	电杆上挂设接地线完成情况	10	
	收尾工作完成情况	5	
质量检查	完成任务，操作过程规范，精益求精，具有绿色环保意识，养成爱岗敬业、遵守操作规程的良好作风	10	
评价反馈	能对自身表现情况进行客观评价	5	
	在任务实施过程中发现自身问题	5	
	得分（满分100分）		

8.6 企 业 案 例

登 杆 坠 落

1. 事故经过

2010年春天，某企业外线组在老变电所登15 m线杆工作时，工作粗心大意，没有按外线电工操作规程施工。在工作完毕后，不小心从15 m杆上跌落，杆下方是单位的材料房，房内存放大量的角铁、铁、镐等配件铁器。此刻跌落人员正好跌落在杂物的空隙处，造成临时性休克。

2. 事故原因

(1) 伤者安全意识差,粗心大意,没有按外线电工操作规程施工,是此事故的主要原因。

(2) 安全技术措施编制不严密,指导性不强。

(3) 配对作业人员监护、提醒不到位,是此事故的直接原因。

3. 事故防范措施

(1) 高空作业时必须严格遵守安全技术操作规程和施工措施,杜绝蛮干、盲干等违章作业现象。

(2) 安全技术操作规程和施工措施编制必须全面,具有针对性。

(3) 工作时要及时相互提醒和监督,做好自主保安和相互保安。

项目 9

变压器检修

学习情境描述

实际中使用的各种用电设备,需要的电压是不一样的。比如,家用电器用 220 V,机床动力用 380 V,机床照明灯用 36 V,电视机显像管用 1 万多伏,等等。在由统一的供电线路供电的情况下,为了适应不同电压的需要,就要有一种改变电压的设备——变压器。

变压器是一种静止的电气设备。它利用电磁感应原理,把输入的交流电压升高或降低为同频率的交流输出电压,以满足高压输电、低压供电及其他用途需要。变压器的应用使人们能够方便地解决输电和用电这一矛盾。因此,变压器在电力系统中占有很重要的地位。

某工厂三相变压器因发生故障而烧毁,总务科下发工作任务单,要求检修组在 3 天内完成该变压器拆卸、重绕等检修工作。

学习目标

1. 掌握变压器结构及分类。
2. 掌握变压器工作原理。
3. 能正确认识和使用变压器拆卸工具。
4. 掌握变压器的拆装方法。
5. 学会三相变压器并联运行。
6. 掌握变压器变压比、电压比及效率。
7. 掌握变压器检修后的试验。
8. 能根据故障现象检修并排除变压器故障点。
9. 培养学生节约资源和保护环境的好习惯。

获取信息

变压器是利用电磁感应的原理来改变交流电压的装置,主要构件是初级线圈、次级线圈和铁芯(磁芯)。主要功能有:电压变换、电流变换、阻抗变换、隔离、稳压(磁饱和变压器)等。

变压器按用途可以分为:配电变压器、电力变压器、全密封变压器、组合式变压器、干式变压器、油浸式变压器、单相变压器、电炉变压器、整流变压器、电抗器、抗干扰变压器、防雷变压器、箱式变压器、试验变压器、转角变压器、大电流变压器、励磁变压器等。

　　变压器是输配电的基础设备，广泛应用于工业、农业、交通、城市社区等领域。我国在网运行的变压器约 1 700 万台，总容量约 110 亿 kVA。变压器损耗约占输配电电力损耗的40%，具有较大节能潜力。为加快高效节能变压器的推广应用，提升能源资源利用效率，推动绿色低碳和高质量发展，2021 年 1 月，工业和信息化部、市场监管总局、国家能源局联合发布了《变压器能效提升计划（2021—2023 年）》。

 小提示

变压器的结构如图 9 – 1 所示。

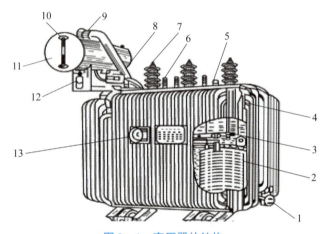

图 9 – 1　变压器的结构

1—放油阀；2—绕组及绝缘；3—铁芯；4—油箱；5—分接开关；6—低压套管；7—高压套管；8—气体继电器；9—安全气管（防爆管）；10—油位指示器；11—储油柜（油枕）；12—吸湿器；13—信号式温度计

9.1　变压器的结构及分类

变压器结构及分类

引导问题：收集资料，查阅变压器结构及有哪些分类。

1. 变压器的结构

　　变压器由 ＿＿＿＿＿ 、＿＿＿＿＿ 和 ＿＿＿＿＿ 组成。＿＿＿＿＿ 是变压器的磁路部分，又作为它的机械骨架。铁芯结构的基本形式，有 ＿＿＿＿＿ 和 ＿＿＿＿＿ 两种。＿＿＿＿＿ 是变压器的电路部分，绕组可分为 ＿＿＿＿＿ 和 ＿＿＿＿＿ 两种。电力变压器的其他附件有 ＿＿＿＿＿ 、＿＿＿＿＿ 、＿＿＿＿＿ 和 ＿＿＿＿＿ 等。

2. 变压器的分类

　　（1）变压器按相数分类，可分为 ＿＿＿＿＿ 和 ＿＿＿＿＿ 两种。

　　（2）变压器按冷却方式分类，可分为 ＿＿＿＿＿ 、＿＿＿＿＿ 、＿＿＿＿＿ 和 ＿＿＿＿＿ 四种。

　　（3）变压器按用途分类，可分为 ＿＿＿＿＿ 、＿＿＿＿＿ 、＿＿＿＿＿ 、＿＿＿＿＿ 和 ＿＿＿＿＿ 五种。

(4) 变压器按铁芯结构形式分类,可分为_____、_____和_____三种。
(5) 变压器按绕组形式分类,可分为_____、_____和_____三种。
(6) 变压器按容量分类,可分为_____、_____、_____和_____四种。
(7) 电力变压器可分为_____、_____和_____。

9.2 变压器的工作原理

变压器
工作原理

引导问题:收集资料,查阅变压器是如何工作的。

1. 工作原理(见图9-2)

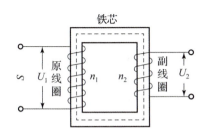
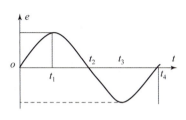

变压器通过闭合铁芯,利用互感现象实现了:
电能 ⟶ 磁场能 ⟶ 电能转化
(U_1、I_1)　(变化的磁场)　(U_2、I_2)

图9-2 变压器的工作原理

变压器主要应用_____原理来工作。具体是:当变压器一次侧施加交流电压_____,流过一次绕组的电流为_____,则该电流在铁芯中会产生_____,使一次绕组和二次绕组发生电磁联系,根据电磁感应原理,交变磁通穿过这两个绕组就会感应出_____,其大小与绕组匝数以及主磁通的最大值成_____,绕组匝数多的一侧电压_____,绕组匝数少的一侧电压_____,当变压器二次侧开路,即变压器空载时,一二次端电压与一二次绕组匝数成正比,即_____,但初级与次级频率保持一致,从而实现_____的变化。

2. 三相变压器并联运行

(1) 三相变压器并联运行的原因:①为了适应_____的增加;②减少损耗,提高_____;③提高供电_____。

(2) 三相变压器并联运行的条件:①它们的原、副边电压应相等,即_____;②连接组别应_____;③短路阻抗_____。

3. 变压器变压比、电压比及效率

(1) 变压器的变压比等于原、副绕组的_____之比,也等于原边电压与副边_____之比,即 $k = $ _____。另有电流之比_____ $= N_2/N_1$。

(2) 变压器的电压比 n 与一次、二次绕组的匝数和电压之间的关系如下:$n = U_1/U_2 = $

N_1/N_2，式中：N_1 为变压器_____（初级）绕组，N_2 为_____（次级）绕组，U_1 为_____绕组两端的电压，U_2 是_____绕组两端的电压。升压变压器的电压比 n _____1，降压变压器的电压比 n _____1，隔离变压器的电压比 n _____1。

（3）在额定功率不变时，变压器的输出功率和输入功率的比值，叫作_____，即：$\eta = (P_2 \div P_1) \times 100\%$，式中，$\eta$ 为变压器的效率，P_1 为输入功率，P_2 为输出功率。当变压器的输出功率 P_2 等于输入功率 P_1 时，效率 η 等于100%，变压器将不产生任何损耗。但实际上这种变压器是没有的。变压器传输电能时总要产生损耗，这种损耗主要有_____和_____。

（4）铜损是指变压器线圈电阻所引起的损耗。当电流通过线圈电阻发热时，一部分电能就转变为热能而损耗。由于线圈一般由带绝缘的铜线缠绕而成，因此称为_____。

（5）铁损包括两个方面。一是磁滞损耗，当交流电流通过变压器时，通过变压器硅钢片的磁力线其方向和大小随之变化，使得硅钢片内部分子相互摩擦，放出热能，从而损耗了一部分电能，这便是_____。二是涡流损耗，当变压器工作时，铁芯中有磁力线穿过，在与磁力线垂直的平面上就会产生感应电流，由于此电流自成闭合回路形成环流，且成旋涡状，故称为涡流。涡流的存在使铁芯发热，消耗能量，这种损耗称为_____。

（6）变压器的效率与变压器的功率等级有密切关系，通常功率_____，损耗与输出功率比就_____，效率也就_____。反之，功率越小，效率也就越低。

9.3 变压器的拆装

引导问题：收集资料，查阅变压器是如何拆卸和安装的。

1. 拆卸工具的准备

（1）拉具：用于拆卸皮带轮和轴承。

（2）活动扳手：用来紧固和起松螺母。

（3）呆扳手：用来紧固和起松螺母或无法使用活动扳手的地方。

（4）旋具（螺丝刀）：用来紧固和拆卸螺丝钉。

（5）锤子：用来敲打物体使其移动或变形的工具。

（6）紫铜棒：用来传递力量，避免直接敲击造成金属表面损伤。

（7）刷子：用来清扫灰尘和油污。

（8）起重设备：用来起重。

（9）钢丝绳：在物料搬运机械中，供提升、牵引、拉紧和承载之用。

2. 变压器的拆卸步骤

1）拆卸相关外围连接件

具体步骤如下：

（1）断开输入电源。

（2）拆开变压器的高、低压套管引线。

（3）断开风扇、气体继电器、温度计等的电源，并将线头用塑料粘胶带包好，并做好记录。

（4）拆开氮气管。

（5）拆下变压器接地线。

（6）撤去变压器轮下的垫铁，但要在变压器轨道上做好定位记号，以便复原。

（7）放油。检查确认油管完好后，放出变压器油。

（8）拆相关部件。拆下部件、储油柜、风扇电动机、散热器、净油器、温度计、防爆管、分接开关操作机构、大盖螺栓。

（9）拆顶盖。在吊大盖之前，要拆除芯子与顶盖之间的连接件，以便吊出变压器芯子。

2）对变压器进行吊芯检查

通常应检查以下内容：

（1）紧固件。对所有的螺栓、螺帽进行检查，看其是否紧固，是否有防松垫片或垫圈。

（2）绕组绝缘。检查绝缘层是否完好、表面有无变色，是否有脆裂或击穿现象；高、低压绕组间的绝缘有无破损，绕组间有无松动、位移现象。

（3）铁芯。检查铁芯是否变形，表面漆层是否完好，铁芯接地是否可靠；铁芯与绕组表面有无油垢，油路是否畅通。

（4）引出线。应检查引出线绝缘是否良好，包扎是否紧固；引出线固定是否牢固、接触是否良好，引出线接线是否有误，其电气距离是否符合要求。

（5）其他方面。对电压切换装置、油箱等也应逐一进行检查。

3. 变压器的安装

（1）吊入变压器芯子。

（2）安装顶盖。

（3）安装相关部件。安装部件、储油柜、风扇电动机、散热器、净油器、温度计、防爆管、分接开关操作机构、大盖螺栓。

（4）加油。

（5）安装相关外围连接件。包括：氮气管，变压器轮下的垫铁，风扇、气体继电器、温度计等的电源，变压器的高、低压套管引线，输入电源等。

4. 变压器拆卸和安装的注意事项

（1）在进行拆卸的时候，首先要将小型的仪表和套管拆除下来，之后再将大型的组件拆除。组装的时候要按相反的顺序进行安装。

（2）在进行拆卸的时候要将一些小的零件清洗干净，分类进行妥善保管。如果发现有损坏的要及时进行检修或更换。

（3）在对冷却器、安全气道或净油器和储油柜等部件进行拆卸的时候，要使用盖板进行密封。避免一些电流互感器出现升高的现象，或是采取其他防潮措施。

（4）对于一些容易损伤的部件要妥善保管，防止出现损坏或受潮的现象。

（5）组装之后也要检查冷却管，查看一些净油器等是否按照规定开启或者关闭。

（6）组装之后的变压器各零件或部件都要完整无损，要认真做好现场的记录工作。

9.4 变压器检修后的试验及故障排除

引导问题：收集资料，查阅变压器是如何实验的，应如何排除变压器故障。

1. 变压器试验

（1）_____和吸收比的测量。标准规定吸收比为_____s 时绝缘电阻与_____s 时的绝缘电阻的比值。

（2）测量变压器绕组的_____。

（3）检查各分接头的电压比_____。

（4）检查变压器的三相接线组别_____。

（5）额定电压下的合闸冲击试验_____。

2. 故障原因及排除

1）变压器声音比平时增大，声音均匀

（1）故障原因：

①电网发生过电压。电网发生单相接地或产生谐振过电压时，都会使变压器的声音增大，出现这种情况时，可结合电压表计的指示进行综合判断。

②变压器过负荷时，将会使变压器发出沉重的"嗡嗡"声，若发现变压器的负荷超过允许的正常过负荷值时，应根据现场规程的规定降低变压器负荷。

（2）故障排除：分析原因，做好记录，加强监视，尽快使变压器恢复正常运行。如果由过负荷引起，则按照_____原则进行。

2）变压器有杂音

（1）故障原因：可能是由于变压器上的某些零部件松动而引起的振动。如果伴有变压器声音明显增大，且电流电压无明显异常时，则可能是内部夹件或压紧铁芯的螺丝钉松动，使硅钢片振动增大所造成的。

（2）故障排除：如不影响变压器运行，可暂不作处理，做好记录，加强监视，汇报调度及有关领导，申请停电检查处理。

3）变压器有放电声

（1）故障原因：变压器有"劈啪"的放电声，若在夜间或阴雨天气时，看到变压器套管附近有蓝色的电晕或火花，则说明瓷件污秽严重或设备线卡接触不良。若是变压器内部放电，则是不接地的部件静电放电或线圈匝间放电，或由于分接开关接触不良放电。

（2）故障排除：应汇报调度及有关领导，申请对变压器进行停电检查处理。

4）变压器有爆裂声

（1）故障原因：说明变压器内部或表面绝缘击穿。

（2）故障排除：应立即对变压器停用检查。

5）变压器有水沸腾声

（1）故障原因：变压器有水沸腾声，且温度急剧变化，油位升高，则应判断为变压器绕组发生短路或分接开关接触不良引起的严重过热。

(2) 故障排除：应立即对变压器停用检查。

6) 上层油温过高

(1) 故障原因：通常运行中要检测变压器上层油温，通过对上层油温的监督来控制绕组的温度，以免其绝缘水平下降、老化。在正常负荷和正常冷却条件下，变压器油温较平时高出 10 ℃ 以上或变压器负荷不变，油温不断上升，如检查结果证明冷却装置良好、测温仪无问题，则认为变压器已发生内部故障（如铁芯起火及绕组匝间短路等）。

(2) 故障排除：应立即将变压器停止运行，以防止变压器事故扩大。

7) 油色不正常

正常时变压器油应是亮黄色、透明的。运行中发现油位计中油的颜色发生变化时，应取油样，进行化验分析。若运行中变压器油色骤然恶化，油内出现炭质并有其他不正常现象时，应立即停电进行检查处理。

8) 油位不正常

变压器的油枕上都装有油位表，上面一般标示出温度为 –30 ℃、+20 ℃、+40 ℃ 时的三条油位线。

根据这三条标志线可以判断是否需要加油或放油。高油位，此时应经当值调度员同意后，将气体（重瓦斯）保护改投信号，然后疏通呼吸器等进行处理。如因环境温度过高，油枕有油溢出时，应做放油处理。低油位，应采用真空注油法对运行中的变压器进行加油。如因大量漏油使油位迅速降低，低至气体继电器以下或继续下降时，应立即停用变压器。

9) 过负荷

(1) 故障原因：运行中的变压器过负荷时，可能出现电流表指示超过稳定值，信号、警铃动作等。

(2) 故障排除：

①应检查各侧电流是否超过规定值，并汇报当值值班员。

②检查变压器的油位、油温是否正常，同时将冷却器全部投入运行。

③及时调整运行方式，如有备用变压器，应投入运行。

④联系调度，及时调整负荷的分配情况。

⑤如属正常过负荷，可根据过负荷的倍数确定允许运行时间，并加强监视油位、油温，不得超过允许值，若超过时间，应立即减少负荷。

⑥如属事故过负荷，则过负荷的允许倍数和时间，应按制造厂的规定执行。如果负荷倍数及时间超过允许值时，也应按规定减少变压器的负荷对变压器及其有关系统进行全面检查，如果发现异常，应汇报并进行处理。

10) 冷却系统故障

变压器冷却系统（指潜油泵、冷却水系统）故障，变压器发出"冷却器备用投入"和"冷却器全停"信号时：

①应立即检查备用冷却器是否已投入运行。

②立即检查断电原因，尽快恢复冷却装置的正常运行方式。

③加强对变压器上层油温及油位的监视，特别是在冷却装置全停时间内。

④如冷却系统一时不能恢复，则应申请降低负荷或申请变压器退出运行，防止变压器运行超过规定的无冷却时间，造成过热而损坏。

11）气体保护动作（信号）

（1）故障原因：

①变压器内有轻微程度的故障，产生微弱的气体；

②空气侵入了变压器内；

③油位降低；

④二次回路故障（如直流系统两点接地等），引起误动作。

（2）故障排除：气体保护信号出现后，运行人员应立即对变压器进行外部检查。首先应检查油枕中的油位和油色、气体继电器中有无气体、气体量及颜色等，然后检查变压器本体及强迫油循环系统中是否有漏油现象。同时，查看变压器的负荷、温度和声音等的变化。经外部检查，未发现任何异常现象时，应吸取变压器的瓦斯气体，查明气体的性质，必要时取其油样进行化验，以共同判明故障的性质。

任务实施：变压器检修

（1）根据变压器检修规范及要求，制订变压器拆卸、安装和实验的行动计划（填写下表对应的操作要点及注意事项）。

操作流程			
序号	作业项目	操作要点	
1	变压器拆卸、安装		
2	变压器实验		
3	变压器故障排除		
作业注意事项			
审核意见			日期： 签字：

（2）请根据作业计划，完成小组成员任务分工，按要求填写下表。

操作人		记录员、监护人	
1. 变压器拆卸、安装			
详细过程			
2. 变压器实验			
详细过程			

续表

操作人		记录员、监护人	
3. 变压器故障排除			
详细过程			

（3）请实训指导教师检查本组作业结果，并针对实训过程出现的问题提出改进措施及建议。

序号	评价标准	评价结果
1	变压器拆卸、安装方法及步骤是否正确	
2	变压器实验方法及步骤是否正确	
3	变压器故障排除方法是否正确	
综合评价		
综合评语（改进意见）		

（4）请根据自己在课堂中的实际表现进行自我反思和自我评价。

自我反思	
自我评价	

（5）实训成绩。

项目	评分标准	分值	得分
接收工作任务	明确工作任务，理解任务在企业工作中的重要程度	5	
收集信息	掌握变压器拆卸、安装方法及步骤	10	
	掌握变压器实验方法及步骤	10	
	掌握变压器故障排除方法	10	
制订计划	按照变压器检修规范及要求，制订合适的检修训练计划	5	
	能协同小组人员安排任务分工	5	
	能在实施前准备好需要的工具器材	5	

续表

项目	评分标准	分值	得分
实施计划	规范进行场地布置	5	
	劳保用品穿戴整齐	5	
	检修工具检查无问题，准备完毕	10	
	变压器检修训练任务的实施情况	10	
质量检查	完成任务，变压器拆卸、安装、实验和故障排除操作熟练、动作规范	10	
评价反馈	能对自身表现情况进行客观评价	5	
	在任务实施过程中发现自身问题	5	
得分（满分100分）			

9.5 企业案例

电力变压器高压侧电缆相序接反事故案例分析

1995年11月25日，某工厂发生一起由于检修人员擅自扩大检修范围，工作结束后又未按有关规定认真核对相序，造成保安变高压侧电缆相序接反的事故。

1. 事故经过

1995年11月25日，应电气检修保2开关小修工作票要求，需要将保2开关停运解备。为缩短保安段的停电时间，运行值班人员采取瞬间停电方法，将保2停运，保20联动投入，带保安Ⅱ段运行。但当保20投运后，汽机值班人员发现直流密封油泵、直流润滑油泵联动，同时，电源来自保安Ⅱ段的盘车跳闸，保安段所带交流密封油泵及交流润滑油泵电机电流为正常值的1/3左右，上述交流油泵均无出力。电气运行值班人员就地检查电机，发现电机电源三相电压正常，三相电流平衡，电气检修人员复查，检查结果同上。此时因锅炉检修正在使用接于保安Ⅱ段上的炉本体电梯，需马上恢复保安电源，电气运行值班人员将保2开关检修工作票押回，决定按惯例采用并列倒换方法，先将保2开关投运，然后再断开保20开关。当合上保2时，其电流表满挡，保2开关出现"过流"光字，值班人员遂立即断开保20，上述现象消失，保安Ⅱ段运行正常，汽机交流密封油泵及交流润滑油泵运行也恢复正常。为进一步查明原因，电气检修及运行人员一起检查，在保20开关上下口分别测其三相电压，发现A—A'、B—B'、C—C'三相电压分别为226 V、454 V、229 V，将保20开关解备后，发现保20开关消弧罩有扯弧痕迹，取下消弧罩发现该开关消弧触头有少量毛刺，主触头无异常。

2. 事故原因分析

（1）检修人员严重违反《电业安全工作规程》，擅自扩大检修范围。

项目 9　变压器检修

事故发生后,按照"三不放过"原则,该厂组织有关人员进行了认真分析,发现在事故发生的前两天,检修人员刚对保安变进行了一次小修,经过对参与检修工作人员的调查,他们曾趁检修保安变时,将保安变高压侧电缆一并检修,且在检修过程中,将保安变高压侧电缆从变压器本体拆掉,在拆除电缆之前,未按规定将三相电缆与所对应的变压器接线柱分别做记号,检修结束后恢复接线时,三相电缆与接线柱的连接仅按"黄、绿、红"色标分别一致的原则恢复。工作结束未按规定对保安变核对相序,也未将此情况向运行值班人员交代。得到这一信息后,该厂怀疑检修人员在恢复变压器接线时,将电缆相序接反,通过核查,确定变压器高压侧电缆 A、B 两相相序接反。

(2) 电气运行值班人员对检修工作项目了解不全面。

检修工作结束时,没有仔细向检修人员询问工作内容,漏掉了保安变电缆检修的信息,失去了防止事故发生的机会,未起到应有的把关作用。

(3) 汽机值班人员缺乏高度的工作责任心。

当油泵运转正常而无出力时,未认真检查泵的转向是否正确,就草率地汇报自己所辖设备无问题,直接诱导了事故发生。

(4) 现场个别设备电缆引线 A、B、C 三相色标不规范,未严格按照"A—黄、B—绿、C—红"的要求标注。

3. 事故防范措施

(1) 检修人员在工作中应认真遵守《电业安全工作规程》,严格按照工作票所列的检修项目进行工作,严禁擅自扩大工作内容,若特殊情况需要增加工作内容时,应按规定重新更换工作票;运行值班人员在销工作票时,要向检修工作负责人详细询问其工作内容和检修情况,对检修内容要做到心中有数,确保其检修内容与工作票一致,切实把好最后一道关。

(2) 规范现场电缆三相色标,严格按照"A—黄、B—绿、C—红"的要求,对现场电缆头色标进行全面检查。

(3) 检修人员在进行设备拆线检修工作时,不管是一次回路,还是二次回路,拆线前应认真核对原回路接线并做好明确标记,检修结束恢复接线时,应由拆线人对原标记核对无误后,再恢复接线,有条件时应使设备带电后,进一步核对相序无误。

(4) 对未安装同期装置的双电源供电变压器、配电盘等电气设备检修后,运行值班人员在恢复备用时,必须用测量表计测量两路电源相序,压差不应超过 5%,并将此规定列入现场运行规程。

(5) 提高值班人员的技术素质和工作责任心,在发现设备异常时,要从多方面认真查找原因,要意识到一时工作疏忽,就可造成无法挽回的后果,考虑问题要全面,善于查找问题的真正原因。

项目 10

三相异步电动机检修

学习情境描述

电动机是把电能转换成机械能的设备。在机械、冶金、石油、煤炭、化学、航空、交通、农业以及国防、文教、医疗及日常生活中电动机都起着不可或缺的作用。电动机的种类很多,三相异步电动机只是其中之一,本部分主要学习三相异步电动机的基础知识及检修。

三相异步电动机在生产设备中长期不间断地工作,其使用寿命是有限的,因为电动机的轴承逐渐磨损、绝缘材料老化等,这些现象是不可避免的。但只要选用正确、安装良好、维修保养得当,电动机的使用寿命还是比较长的。在使用中尽量避免对电动机的损害,及时发现电动机运行中的故障隐患,对电动机的安全运行意义重大。因此,在运行中对电动机的监视和维护,定期的检查和维修,是消灭故障隐患,延长电动机使用寿命,减小不必要损失的重要手段。

学习目标

1. 掌握三相异步电动机的结构及工作原理。
2. 学会三相异步电动机的接线方法、起动方法、调速方法及制动方法。
3. 能正确认识和使用三相异步电动机拆卸工具。
4. 掌握三相异步电动机的拆装。
5. 掌握三相异步电动机的试验方法和三相异步电动机故障检测及排除。
6. 掌握三相异步电动机定子绕组首尾端的判别。
7. 凝练精益求精、大国工匠精神。

获取信息

三相异步电动机的结构及外形(以鼠笼式为例)如图 10-1 所示。

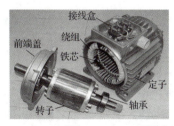 

图 10-1 三相异步电动机的结构及外形

10.1 三相异步电动机的结构及工作原理

三相异步电动机
结构及工作原理

引导问题：收集资料，查阅三相异步电动机的种类、结构及工作原理。

1. 三相异步电动机的结构

（1）三相异步电动机由_____和_____两大部分组成。

（2）三相异步电动机的定子由_____、_____和_____等组成。

（3）三相异步电动机的电路由_____和_____组成。

（4）三相异步电动机的磁路由_____、_____和_____组成。

（5）三相异步电动机按笼的结构可分为_____、_____和_____。

（6）电动机定子绕组按层数可分为_____、_____和_____。单层绕组又可分为_____、_____和_____等类型。

2. 三相异步电动机的工作原理

当定子绕组通入三相交流电时，在气隙中产生_____，假定磁场旋转的转向是顺时针方向，如图 10-2 所示。开始通电时，转子是静止的，与磁场有相对运动。相当于转子按逆时针方向运动，转子上部的导条相当于向左做切割磁力线运动，产生_____，感应电动势的方向用右手定则判断，方向由纸面向外；转子下部的导条相当于向右做切割磁力线运动，产生感应电动势的方向垂直纸面向里。所有转子导条又是被短路的，因此，导条内有感应电流流过，这样转子导条又成为通电导体，在磁场中又受到电磁力的作用，作用力的方向用左手定则（见图 10-3）来判断。转子上部导条受力方向为顺时针方向，下部导条受力方向也为顺时针方向，所以，转子在上下力偶矩的作用下就顺时针旋转起来。

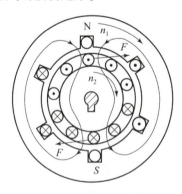

图 10-2　异步电动机工作原理

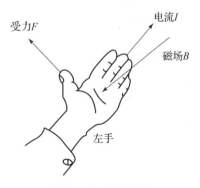

图 10-3　左手定则

3. 转子的转速和方向

三相交流电在定子中产生的是_____，旋转磁场的转速习惯上称为同步转速，用 n 表示。转子的转向与旋转磁场的方向相同，转子的转速一般要小于磁场的转速，也可以大于磁场的转速，这样，才能使转子旋转时，能时时切割磁力线而受到电磁力的作用。否则，转子的转速与旋转磁场的转速相同，转子导条不切割磁力线，也就不能产生感应电动势,因而也就没有感应电流通过,也就不受力的作用,力矩将无法产生,转子也就不能_____了。所以,转子转速必须与磁场的转速不相等,才能使电动机转子旋转起来。异步电动机的名称也就因此而得。电动机转子的转向是由旋转磁场的转向决定的。旋转磁场的转向取决于电源的相序,所以,对调三相电源线中的任意两相电源线,电动机就可_____。例如,利用倒顺开关可实现正反转。

10.2　三相异步电动机的拆装

引导问题:收集资料,查阅三相异步电动机应如何拆卸与安装。

1. 拆卸工具的准备
(1) 拉具:用于拆卸皮带轮和轴承。
(2) 活动扳手:用来紧固和起松螺母。
(3) 呆扳手:用来紧固和起松螺母或无法使用活动扳手的地方。
(4) 旋具(螺丝刀):用来紧固和拆卸螺丝钉。
(5) 锤子:用来敲打物体使其移动或变形的工具。
(6) 紫铜棒:用来传递力量,避免直接敲击造成金属表面损伤。
(7) 刷子:用来清扫灰尘和油污。
(8) 煤油或汽油:用来清洗轴承。
(9) 油盆:用来装煤油或汽油。

三相异步
电动机拆装

2. 拆卸前准备工作
(1) 必须断开电源,拆除电动机与外部电源的连接线,并标好电源线在接线盒的相序标记,以免安装电动机时搞错相序。
(2) 检查拆卸电动机的工具是否齐全。
(3) 做好相应的标记和必要的数据记录。
(4) 在皮带轮或联轴器的负荷端做好定位标记,测量并记录联轴器或皮带轮与轴台间的距离。
(5) 在电动机的机座与端盖的接缝处做好标记。
(6) 在电动机的出轴方向及引出线在机座上的出口方向做好标记。

3. 三相异步电动机的拆卸
(1) 拆卸皮带轮或联轴器时用两脚拉具或三脚拉具,如图10-4所示。

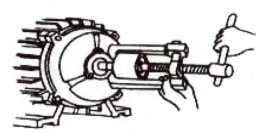

图 10-4　拆卸皮带轮或联轴器

(2) 拆风扇罩。用旋具将风扇罩四周的 3 颗螺丝钉拧下。

(3) 拆风扇。取下风扇外侧的卡簧或定位销。用锤子均匀轻敲风扇四周，也可用专用拉具。

(4) 拆前端盖和后端盖螺丝钉。拆螺丝钉时按顺时针每颗螺丝钉松一点，直到全部松完，松完后端盖再松前端盖。拆卸后端盖。用紫铜棒敲击负荷端，使后端盖脱离机座，然后把后端盖连同转子一起抬出机座。

(5) 拆卸前端盖。用紫铜棒从后端伸入，顶住前端盖内部敲打，取下前端盖。

(6) 取后端盖。将转子立起（注意后端盖朝下），用紫铜棒敲打后端盖四周，即可取下。

(7) 拆电动机轴承如图 10-5 所示。用拉具拆出或用紫铜棒顶好，用锤子敲出。

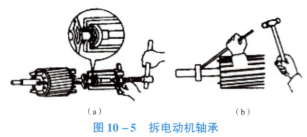

图 10-5 拆电动机轴承

(a) 拉具拆出；(b) 锤子敲出

4. 三相异步电动机的安装

三相异步电动机的组装顺序与拆卸相反。在组装前应清扫电动机内部的灰尘，清洗轴承并加润滑油，然后按以下顺序操作。

(1) 在转轴上装上轴承、后端盖。可先安装后端盖一侧轴承、后端盖，再安装另一侧轴承。将转子立起，把轴承套到转轴上，用一根内径略大于轴颈直径，外径略大于轴承内圈外径的铁管顶在轴承内圈上，借助木槌敲打，将轴承敲进去；或用金属棒顶住轴承内圈，对角敲打轴承内圈，直到安装到位。再把后端盖套到轴承上，用紫铜棒均匀敲打后端盖四周，即可装上，如图 10-6 所示。

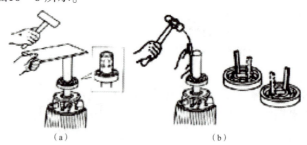

图 10-6 安装轴承

(a) 借助铁管安装；(b) 借助金属棒均匀敲打安装

小提示

以上方法是冷套法，这种方法最常用。假如转轴与轴承配合较紧，还可用热套法。使用热套法应注意轴承不能放在槽底，轴承应吊在槽中加热，轴承加热时间要适中。

(2) 安装转子，将转子慢慢移入定子中。移入时不能擦伤定子绕组，用手托住转子慢慢移入，如图 10-7 所示。

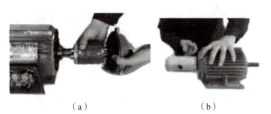

图 10-7 安装转子
(a) 安装转子；(b) 安装后端盖

（3）安装后端盖。用紫铜棒均匀敲打后端盖四周，若没对准标记，可用木槌或紫铜棒小心敲打后端盖三个耳朵，直到对准标记。然后，用螺栓固定后端盖。拧紧螺栓时，注意按顺时针使用相同的力将每颗螺栓拧紧一下，直到三颗螺栓都拧紧，如图 10-8 所示。

图 10-8 安装后端盖
(a) 定位；(b) 用螺栓固定后端盖

（4）安装前端盖。用木槌或紫铜棒均匀敲打前端盖四周，并调整至对准标记。然后，用螺栓固定前端盖。拧紧螺栓时，注意按顺时针使用相同的力将每颗螺栓拧紧一下，直到 3 颗螺栓都拧紧，如图 10-9 所示。

图 10-9 安装前端盖
(a) 安装前端盖；(b) 螺栓固定端盖

（5）安装风扇和风扇罩。用木槌均匀敲打风扇，到位后，安装卡簧或定位销。再把风扇罩安装好，拧紧 3 颗螺丝钉。

（6）安装皮带轮或联轴器。先将皮带轮或联轴器固定销安装好，再安装皮带轮或联轴器。安装时，可用紫铜棒上下左右敲打联轴器或皮带轮，直到对准标记。

5. 三相异步电动机拆装操作的注意事项

（1）拆卸皮带轮或轴承时，要正确使用拉具。

（2）电动机拆卸前，要做好记号，以便组装。

（3）端盖螺丝钉的松动与紧固必须按顺时针旋动。

（4）不能用铁锤直接敲打电动机任何部位，只能用紫铜棒垫好后再敲打。

（5）抽出转子或安装转子时，动作要小心，一边送一边接，不可擦伤定子绕组。

(6) 在加轴承润滑油时并不是加满，而是加轴承容积的 3/5 或 2/3。

(7) 电动机组装后，要检查转子转动是否灵活，有无卡阻现象。

10.3　三相异步电动机实验

引导问题：收集资料，查阅三相异步电动机的实验方法及步骤。

1. 三相异步电动机的接线方法、起动方法、调速方法及制动方法

（1）三相异步电动机的接线方法有_____接法和_____接法两种，如图 10 – 10 所示。

（2）三相异步电动机的起动方法有_____起动和_____起动两种。常用的降压起动方法有_____起动、_____起动、_____起动和_____起动四种。

（3）三相异步电动机的调速方法有_____、_____和_____三种。

（4）三相异步电动机的制动方法有_____制动和_____制动两种。电气制动方法有_____制动、_____制动和_____制动三种。

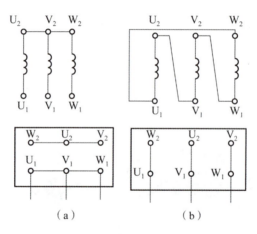

图 10 – 10　三相异步电动机接线图

（a）Y 接法；（b）△接法

2. 检查组装好的三相异步电动机

1）三相异步电动机定子绕组电阻值测量

$U_1 - U_2 =$ _____；

$V_1 - V_2 =$ _____；

$W_1 - W_2 =$ _____；

 小提示

先将电动机接线盒内的短接片拆掉，然后用万用表测出每个绕组的阻值，进行对比，理论上三个绕组的阻值应相等。

三相异步电动机的接线

三相异步电动机定子绕组电阻测量

三相异步电动机绝缘电阻测量

三相异步电动机空载运行电流测量

2）三相异步电动机绝缘电阻测量

（1）绝缘电阻测量要求。

①高压电动机用 2 500 V 兆欧表测量，低压电动机用 500 V 兆欧表测量。

②电动机定子线圈对地绝缘电阻数值每千伏不得低于 1 MΩ。

③电动机定子线圈相间绝缘电阻应为零。

④380 V 以下的电动机及绕线式电动机的转子绝缘电阻不得低于 0.5 MΩ。

⑤对装有变频装置或软起动装置的电动机测绝缘电阻时，为了避免测试电压加至变频装置或软起动装置上而造成内部元件损坏，必须先将上述装置输出电源刀闸拉开后方可测量。

⑥禁止对变频装置或软启动装置控制部分摇测绝缘。

（2）测量方案。

①对于 380 V 电动机，选用 500 V 或者 1 000 V 等级的兆欧表。

②测量时，要验电。要在没电情况下进行。

③拆开各绕组之间的连接片，用万用表测量各个绕组的直流电阻，检查绕组是否完好。

④先测量绕组对地的绝缘电阻，测试前先对兆欧表进行完好性测试，做开路和短路测试，正常后，兆欧表 L 端接绕组，E 端接电机外壳，摇动兆欧表，保持匀速 120 r/min，1 min 后，读取读数，阻值不得低于 0.5 MΩ。

⑤测量相间绝缘，兆欧表 L 端接一组绕组，E 端接另外一组绕组，摇动摇表，保持匀速 120 r/min，1 min 后，读取读数，阻值不得低于 0.5 MΩ。然后更换绕组，三绕组两两相测。

⑥测量完毕后，如果正常，恢复电动机的连接片和接线。如果不正常，要对电动机进行恢复绝缘处理，一般是烘干或者浸漆处理。

（3）电动机绝缘降低的原因和处理的方法。

①电动机绕组受潮，应进行烘干处理。

②绕组上灰尘及碳化物物质太多，需消除灰尘。

③引出线和接线盒内绝缘不良，应重新包扎。

④电动机绕组过热老化，应重新浸漆或重新绕制。

（4）测量记录。

①相间绝缘测量如图 10 – 11 所示。

U – V = ＿＿＿＿＿＿＿＿；

V – W = ＿＿＿＿＿＿＿＿；

U – W = ＿＿＿＿＿＿＿＿。

②相对地绝缘测量如图 10 – 12 所示。

U – 地 = ＿＿＿＿＿＿＿＿；

V – 地 = ＿＿＿＿＿＿＿＿；

W – 地 = ＿＿＿＿＿＿＿＿。

③三相异步电动机空载运行时电流测量如图 10 – 13 所示。

U = ＿＿＿＿＿＿＿＿；

V = ＿＿＿＿＿＿＿＿；

W = ＿＿＿＿＿＿＿＿。

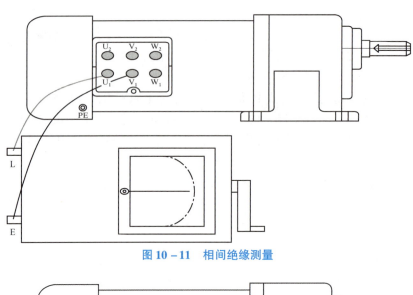

图 10 – 11 相间绝缘测量

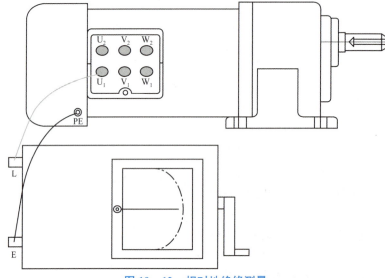

图 10 – 12 相对地绝缘测量

图 10 – 13 空载运行时电流测量

小提示

(1) 按图 10-13 每相测一次,将测得的数字记录好,对比三相测得的电流是否相等,理论上应相等。

(2) 测量电流时,假如不知道预估值,将量程调到最大,然后,逐挡减小,直到合适的量程。

(3) 测量电流时,千万不能将两相电同时放入钳口。

(4) 测量电流时,不能边量边拨动转换开关选择量程,应该选择好量程再测量。

10.4 三相异步电动机故障检测及排除

引导问题:收集资料,查阅三相异步电动机常见故障及排除方法。

1. 通电后电动机不能转动,但无异响,也无异味和冒烟

(1) 故障原因:

①电源未通(至少两相未通);

②熔丝熔断(至少两相熔断);

③过流继电器调得过小;

④控制设备接线错误。

(2) 故障排除:

①检查电源回路开关、熔丝、接线盒处是否有断点,修复;

②检查熔丝型号、熔断原因,换新熔丝;

③调节继电器整定值与电动机配合;

④改正接线。

2. 通电后电动机不转,然后熔丝烧断

(1) 故障原因:

①缺一相电源,或定干线圈一相反接;

②定子绕组相间短路;

③定子绕组接地;

④定子绕组接线错误;

⑤熔丝截面过小;

⑥电源线短路或接地。

(2) 故障排除:

①检查刀闸是否有一相未合好,电源回路是否有一相断线,消除反接故障;

②查出短路点,予以修复;

③消除接地;

④查出误接,予以更正;

⑤更换熔丝。

3. 通电后电动机不转,有嗡嗡声

(1) 故障原因:

①定、转子绕组有断路(一相断线)或电源一相失电;

②绕组引出线始末端接错或绕组内部接反;

③电源回路接点松动,接触电阻大;

④电动机负载过大或转子卡住;

⑤电源电压过低;

⑥小型电动机装配太紧或轴承内油脂过硬;

⑦轴承卡住。

(2) 故障排除:

①查明断点予以修复;

②检查绕组极性,判断绕组末端是否正确;

③紧固松动的接线螺丝钉,用万用表判断各接头是否假接,予以修复;

④减载或查出并消除机械故障;

⑤检查是否把规定的面接法误接为Y;是否由于电源导线过细使压降过大,予以纠正;

⑥重新装配使之灵活,更换合格油脂;

⑦修复轴承。

4. 电动机空载电流不平衡,三相相差大

(1) 故障原因:

①重绕时,定子三相绕组匝数不相等;

②绕组首尾端接错;

③电源电压不平衡;

④绕组存在匝间短路、线圈反接等故障。

(2) 故障排除:

①重新绕制定子绕组;

②检查并纠正;

③测量电源电压,设法消除不平衡;

④消除绕组故障。

5. 电动机运行时响声不正常,有异响

(1) 故障原因:

①转子与定子绝缘纸或槽楔相擦;

②轴承磨损或油内有砂粒等异物;

③定转子铁芯松动;

④轴承缺油;

⑤风道填塞或风扇擦风罩;

⑥定转子铁芯相擦;

⑦电源电压过高或不平衡;

⑧定子绕组错接或短路。

（2）故障排除：
①修剪绝缘，削低槽楔；
②更换轴承或清洗轴承；
③检修定、转子铁芯；
④加油；
⑤清理风道，重新安装置；
⑥消除擦痕，必要时车内小转子；
⑦检查并调整电源电压；
⑧消除定子绕组故障。

6. 运行中电动机振动较大

（1）故障原因：
①由于磨损轴承间隙过大；
②气隙不均匀；
③转子不平衡；
④转轴弯曲；
⑤铁芯变形或松动；
⑥联轴器（皮带轮）中心未校正；
⑦风扇不平衡；
⑧机壳或基础强度不够；
⑨电动机地脚螺丝钉松动；
⑩笼型转子开焊断路，绕线转子断路，加定子绕组故障。

（2）故障排除：
①检修轴承，必要时更换；
②调整气隙，使之均匀；
③校正转子动平衡；
④校直转轴；
⑤校正重叠铁芯；
⑥重新校正，使之符合规定；
⑦检修风扇，校正平衡，纠正其几何形状；
⑧进行加固；
⑨紧固地脚螺丝钉；
⑩修复转子绕组，修复定子绕组。

7. 轴承过热

（1）故障原因：
①润滑油过多或过少；
②油质不好，含有杂质；
③轴承与轴颈或端盖配合不当（过松或过紧）；
④轴承内孔偏心，与轴相擦；

⑤电动机端盖或轴承盖未装平；

⑥电动机与负载间联轴器未校正，或皮带过紧；

⑦轴承间隙过大或过小；

⑧电动机轴弯曲。

（2）故障排除：

①按规定加润滑油（容积的 1/3~2/3）；

②更换清洁的润滑油；

③过松可用黏接剂修复，过紧应车、磨轴颈或端盖内孔，使之适合；

④修理轴承盖，消除擦点；

⑤重新装配；

⑥重新校正，调整皮带张力；

⑦更换新轴承；

⑧校正电机轴或更换转子。

8. 电动机过热甚至冒烟

（1）故障原因：

①电源电压过高，使铁芯发热大大增加；

②电源电压过低，电动机又带额定负载运行，电流过大使绕组发热；

③修理拆除绕组时，采用热拆法不当，烧伤铁芯；

④定转子铁芯相擦；

⑤电动机过载或频繁起动；

⑥笼型转子断条；

⑦电动机缺相，两相运行；

⑧重绕后定子绕组浸漆不充分；

⑨环境温度高，电动机表面污垢多，或通风道堵塞；

⑩电动机风扇故障，通风不良；定子绕组故障（相间、匝间短路，定子绕组内部连接错误）。

（2）故障排除：

①降低电源电压（如调整供电变压器分接头），若是电机 Y、△接法错误引起，则应改正接法；

②提高电源电压或换粗供电导线；

③检修铁芯，排除故障；

④消除擦点（调整气隙或挫、车转子）；

⑤减载，按规定次数控制起动；

⑥检查并消除转子绕组故障；

⑦恢复三相运行；

⑧采用二次浸漆及真空浸漆工艺；

⑨清洗电动机，改善环境温度，采用降温措施；

⑩检查并修复风扇，必要时更换；检修定子绕组，消除故障。

10.5 三相异步电动机定子绕组首尾端判别

引导问题：收集资料，查阅三相异步电动机定子绕组首尾判别方法及种类。

1. 用万用表和干电池判别首尾端（见图 10-14）

（1）判断各相绕组的两个出线端。

用万用表电阻挡分清三相绕组各相的两个线头，并进行假设编号 U_1、U_2、V_1、V_2 和 W_1、W_2，按图接线。

（2）判断首尾端。

注视万用表（微安挡）指针摆动的方向，合上开关瞬间，若指针摆向大于 0 的一边，则接电池正极的线头与万用表负极所接的线头同为首端或尾端。如指针反向摆动，则接电池正极的线头与万用表正极所接的线头同为首端或尾端。

（3）将电池和开关接另一相两个线头，进行测试，就可正确判别各相的首尾端。

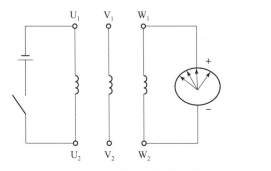

三相异步电动机定子
绕组首尾端判别

图 10-14 用万用表和干电池判别首尾端

2. 用万用表判别首尾端（见图 10-15）

（1）判断各相绕组的两个出线端。

用万用表电阻挡分清三相绕组各相的两个线头。

（2）给各相绕组假设编号为 U_1、U_2、V_1、V_2 和 W_1、W_2。

（3）按图接线，判断首尾端。

用手转动电动机转子，如万用表（微安挡）指针不动，则证明假设的编号是正确的，若指针有偏转，说明其中有一相首尾端假设编号不对，应逐相对调重测，直至正确为止。

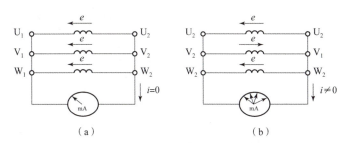

图 10-15 用万用表判别首尾端
(a) 指针不动首尾端正确；(b) 指针摆动首尾端不对

任务实施：三相异步电动机检修

(1) 根据三相异步电动机检修规范及要求，制订三相异步电动机拆卸、安装、实验和故障排除的行动计划（填写下表对应的操作要点及注意事项）。

操作流程		
序号	作业项目	操作要点
1	三相异步电动机拆卸、安装	
2	三相异步电动机实验	
3	三相异步电动机故障排除	
作业注意事项		
审核意见		日期： 签字：

(2) 请根据作业计划，完成小组成员任务分工，按要求填写下表。

操作人		记录员、监护人	
1. 三相异步电动机拆卸、安装			
详细过程			
2. 三相异步电动机实验			
详细过程			
3. 三相异步电动机故障排除			
详细过程			

(3) 请实训指导教师检查本组作业结果，并针对实训过程出现的问题提出改进措施及建议。

序号	评价标准	评价结果
1	三相异步电动机拆卸、安装方法及步骤是否正确	
2	三相异步电动机实验方法及步骤是否正确	

续表

序号	评价标准	评价结果
3	三相异步电动机故障排除方法是否正确	
综合评价		
综合评语（改进意见）		

（4）请根据自己在课堂中的实际表现进行自我反思和自我评价。

自我反思	
自我评价	

（5）实训成绩。

项目	评分标准	分值	得分
接收工作任务	明确工作任务，理解任务在企业工作中的重要程度	5	
信息收集	掌握三相异步电动机拆卸、安装方法及步骤	10	
	掌握三相异步电动机实验方法及步骤	10	
	掌握三相异步电动机故障排除方法	10	
制定计划	按照三相异步电动机检修规范及要求，制订合适的检修训练计划	5	
	能协同小组人员安排任务分工	5	
	能在实施前准备好需要的工具器材	5	
实施计划	规范进行场地布置	5	
	劳保用品穿戴整齐	5	
	检修工具检查无问题，准备完毕	10	
	三相异步电动机检修训练任务的实施情况	10	
质量检查	完成任务，三相异步电动机拆卸、安装、实验和故障排除操作熟练、动作规范	10	
评价反馈	能对自身表现情况进行客观评价	5	
	在任务实施过程中发现自身问题	5	
得分（满分100分）			

10.6 企 业 案 例

三相异步电动机漏电造成触电事故

2015年8月21日在某公司一楼车间后面的通道水泵旁发生一起触电事故,该公司生产车间工人李××,男,34岁,因李××去水泵房检查水管故障而触电死亡。

1. 事故经过

2015年8月21日某公司按照惯例开展月底资产盘点工作,14时左右生产工人李××独自一人到生产车间后面通道的水泵前检查水泵抽水故障。生产部门主管朱××到16时08分未见李××回车间,再次拨打李××的电话,此时电话已关机。朱××见事情异常,立即去寻找工人李××,当朱××找到水泵房时,发现李××趴倒在水泵房地上(地面有积水),以为是摔跤跌倒在地,马上用手去拉李××,当手接触到死者李××身体时有麻痛感,朱××意识到李××可能触电。

朱××马上跑到车间关闭电源总闸,同时叫生产车间主管李×拨打厂长电话。

朱××拨打120电话后,叫来一名保安,两人将死者李××从水泵房抬到厂门口实施抢救。120救护车大概10 min后到达现场,120急救人员在现场进行抢救后证实李××已经死亡。公司总经理拨打了110报警,同时将事故情况上报社区安全办,大概10 min后安监、公安等部门到达事故现场。

2. 事故原因

经事故调查组调查分析,造成事故的原因有:

(1) 直接原因:水泵电机绕组短路,电动机无任何保护,当水泵电机绕组短路时电源总开关断路器距离远且容量大没有跳闸断开电源,以致水泵电机绕组绝缘烧坏而漏电,当死者李××进入水泵房检查水泵时,只是看到水泵电机停止转动了,没有检查电源,误认为水泵电机不带电,当李××徒手触摸电机外壳时发生了触电事故。

(2) 间接原因:由于涉事电动机未安装短路保护、过载保护、漏电保护器来保护电动机安全正常运行,导致事故现场的电动机发生短路故障时未能得到及时有效保护,使电动机绝缘损坏,致使直接控制电动机电箱内的交流电流表烧坏变形;同时由于车间内总电控箱断路器容量过大,且断路器老旧,动作不灵敏,距离远,也未能起到保护作用;电动机外壳没有接地保护,当电机漏电外壳带电时,操作人员徒手触摸极易引发触电。

(3) 该公司未健全生产安全事故隐患排查治理制度,未采取技术措施、管理措施,未及时发现并消除事故隐患,未将事故隐患排查治理情况如实记录,并向从业人员通报;未建立安全生产教育和培训档案,未如实记录安全生产教育和培训的时间、内容、参加人员及考核结果等情况。在事故认定上,该公司负有责任。

(4) 李××未经专门的安全作业培训,未取得电工作业操作证,在进入水泵房检查水泵时,由于没有检查电源,未按要求使用和佩戴安全防护用品,误认为水泵电机不带电,违规冒险作业,徒手触摸电机外壳发生触电事故。在事故认定上,从业人员李××负有责任。

3. 事故防范措施

（1）对企业所有电气设备进行一次全面检查，排除所有故障设备。

（2）动力配电箱应由专业电气技术人员安装，动力控制应选择与电动机额定电流合适的熔断器作为短路保护，选择合适的热继电器作为过载保护，加装漏电开关，应采用三相五线制配电，更换老旧的动作不灵敏的断路器，电动机外壳要有接零或接地保护。

（3）电气设备、设施应由经过专业培训并取得操作证的专业技术人员来维修、保养。

（4）设备检修前一律要验电，没有验电前电气设备都要视为有电。设备检修时停电必须断开开关，要有明显断开点，如没有开关，就要取出熔断器的熔丝管。

（5）验电完成，确认无电后，还要在可能来电的方向挂接临时接地线保证安全，在开关手柄上要挂标示牌。

（6）在潮湿、危险环境下的维修应由二人进行，一人作为监护。

（7）加强员工的安全教育培训。

项目 11

单相异步电动机检修

学习情境描述

单相异步电动机是利用单相交流电源供电的一种小容量交流电机。单相异步电动机由于只需要单相交流电，故使用方便、应用广泛，并且有结构简单、成本低廉、噪声小、对无线电系统干扰小等优点，因而常用在功率不大的家用电器和小型动力机械中。

学习目标

1. 掌握单相异步电动机的结构及分类。
2. 掌握单相异步电动机的工作原理。
3. 学会单相异步电动机起动及换向方法。
4. 能正确认识和使用单相异步电动机拆卸工具。
5. 掌握单相异步电动机的拆装。
6. 学会根据故障现象检修并排除单相异步电动机故障点。
7. 培养学生团结协作、互相学习、互相启发的合作精神。

获取信息

单相异步电动机的结构及外形如图 11-1 所示。

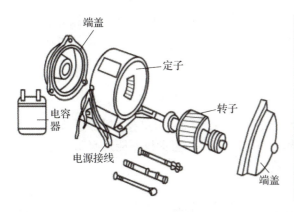 

图 11-1　单相异步电动机的结构及外形

11.1　单相异步电动机的结构及分类

单相异步电动机
结构及工作原理

引导问题：收集资料，查阅单相异步电动机的结构及分类。

1. 单相异步电动机的结构

单相异步电动机由_____（固定部分）、_____（转动部分）和_____（支撑部分）等组成。单相异步电动机定子由_____和带绕组的_____组成，铁芯由_____冲槽叠压而成。

2. 单相异步电动机的分类

单相异步电动机按其结构可分为_____和_____两种。罩极式电机又分为_____和_____。分相式按起动方式分为_____、_____、_____和_____等四种。对罩极式电机来说，其绕组有_____，一组为_____，即运行绕组；另一组为_____，即起动绕组，也就是短路环。起动绕组：导线较_____，匝数较_____。工作绕组：导线较_____，匝数较_____。

11.2　单相异步电动机的工作原理及起动、换向方法

引导问题：收集资料，查阅单相异步电动机的工作原理、起动方法、换向方法。

1. 单相异步电动机的工作原理

电容器在电动机中通过_____作用，将单相交流电分离出另一相相位差_____的交流电。将这两相交流电分别送入_____电机线圈绕组，就在电动机内形成_____，旋转磁场在电机转子内产生_____，感应电流产生的磁场与旋转磁场的方向_____，被旋转磁场推拉，进入旋转状态。单相电不能产生_____，要使单相电动机能自动_____起来，可在定子中加上一个_____，起动绕组与主绕组在空间上相差90°，起动绕组要串接一个合适的_____，使得与主绕组的_____在相位上近似相差90°，即所谓的_____。这样两个在时间上相差90°的电流通入两个在空间上相差90°的绕组，将会在空间上产生（两相）_____，在这个旋转磁场作用下，转子就能_____。

> **小提示**
>
> 单相异步电动机单相交流电源供电的旋转电机，其定子绕组为单相。当接入单相交流电时，在定转子气隙中会产生一交变脉动磁场，所以单相异步电动机不能自起动。

2. 单相异步电动机起动方法

1）电容运转型接线电路（见图11-2）

这是由辅助起动绕组来辅助起动，其起动转矩不大。运转速率大致保持定值。主要应用于电风扇、空调、洗衣机等电动机。

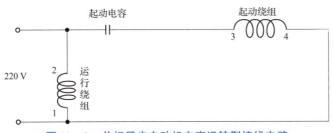

图 11－2　单相异步电动机电容运转型接线电路

2）电容起动型接线电路（见图 11－3）

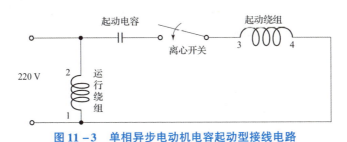

图 11－3　单相异步电动机电容起动型接线电路

电动机静止时离心开关是接通的，给电后起动电容参与起动工作，当转子转速达到额定值的 70%~80% 时，离心开关便会自动跳开，起动电容完成任务，并被断开。起动绕组不参与运行工作，而电动机以运行绕组线圈继续动作。

3）电容起动运转型接线电路（见图 11－4）

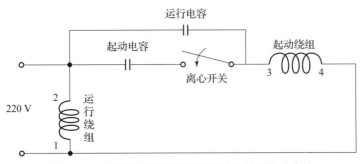

图 11－4　单相异步电动机电容起动运转型接线电路

电动机静止时离心开关是接通的，给电后起动电容参与起动工作，当转子转速达到额定值的 70%~80% 时，离心开关便会自动跳开，起动电容完成任务，并被断开。而运行电容串接到起动绕组参与运行工作。这种接法一般用在空气压缩机、切割机、木工机床等负载大而不稳定的地方。

 小提示

带有离心开关的电动机，如果电动机不能在很短时间内起动成功，绕组线圈将会很快烧毁。

双值电容电机，起动电容容量大，运行电容容量小，耐压一般大于 400 V。

3. 单相异步电动机换向方法（见图 11 – 5）

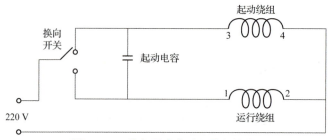

图 11 – 5　单相异步电动机换向接线

开关控制正反转接线：通常这种电动机的起动绕组与运行绕组的电阻值是一样的，就是说电动机的起动绕组与运行绕组是线径与线圈数完全一致的。一般洗衣机用这种电动机。这种正反转控制方法简单，不用复杂的转换开关。

11.3　单相异步电动机的拆装

引导问题：收集资料，查阅单相异步电动机如何拆卸与安装。

1. 拆卸工具的准备

（1）拉具：用于拆卸皮带轮和轴承。

（2）活动扳手：用来紧固和起松螺母。

（3）呆扳手：用来紧固和起松螺母或用于无法使用活动扳手的地方。

（4）旋具（螺丝刀）：用来紧固和拆卸螺丝钉。

（5）锤子：用来敲打物体使其移动或变形的工具。

（6）紫铜棒：用来传递力量，避免直接敲击造成金属表面损伤。

（7）刷子：用来清扫灰尘和油污。

（8）煤油或汽油：用来清洗轴承。

（9）油盆：用来装煤油或汽油。

2. 电动机拆卸前的准备工作

在拆卸前要用压缩空气吹净电动机表面的灰尘，并将电动机表面擦拭干净。选择合适的拆卸电动机的地点并清理现场环境。熟悉电动机结构特点和检修技术要求，准备好拆卸电动机所需电工工具及拉具等拆卸工具。在端盖、刷握、轴、螺丝钉、接线桩等零件上做好标记，以便于装配。用兆欧表测量电动机绝缘电阻，以便在装配后进行比较。

3. 单相异步电动机的拆卸步骤

（1）切断电源，对电源接头线做好绝缘处理，做好与电源对应的标记。

（2）脱开皮带轮或联轴器，松掉地脚螺栓。

（3）拆卸皮带轮或联轴器。

（4）拆卸电动机尾部的风罩、风扇。

（5）拆卸轴承盖和端盖的紧固螺丝钉。

（6）用木板或铜板、铝板垫在转轴前端，用木槌将转子和后盖从机座敲出，木槌可直接敲打转轴前端。

(7) 从定子中取出或吊出转子和后端盖。

(8) 取下后端盖。

4. 主要零部件的拆卸方法

1) 皮带轮或联轴器的拆卸（见图 11-6）。

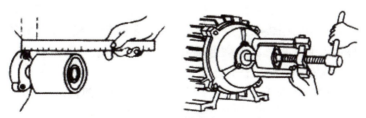

图 11-6　皮带轮或联轴器的拆卸

拆卸前，先在皮带轮或联轴器的轴伸端做好定位标记，再将皮带轮的定位螺丝钉或销子取下，再用专用拉具（如拉码）转动丝杆将皮带轮或联轴器慢慢位出。拉时要注意皮带轮或联轴器受力情况务必使合力沿轴线方向，拉具顶端不得损坏转子轴端中心孔。

2) 风罩和风扇的拆卸

封闭式电动机拆卸皮带轮后，可松开风罩螺栓取下风罩，先取下风扇上的销子再取下风扇。小型风扇一般不用卸下，随转子一起抽出即可。

3) 轴承盖和端盖的拆卸

先松开轴承外盖螺栓，拆下轴承外盖。松开端盖紧固螺栓前，为便于装配复位，可在端盖与机座接缝处做好标记，然后取下端盖。对于小型电动机，可先把轴伸端的前端盖卸下，再松开后端盖的螺栓，用木槌敲打轴伸端，可把转子和后端盖一起取下。

如需拆卸轴承，常用以下几种方法：

(1) 用拉具拆卸，如图 11-7（a）所示。

(2) 用铜棒拆卸，如图 11-7（b）所示。

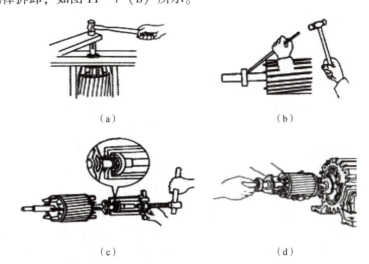

图 11-7　轴承盖和端盖的拆卸

(a) 用拉具拆卸；(b) 用铜棒拆卸；(c) 搁在圆桶上拆卸；(d) 加热拆卸

(3) 搁在圆桶上拆卸，如图11-7 (c) 所示。

(4) 加热拆卸，如图11-7 (d) 所示。用100 ℃左右的机油淋浇在轴承内圈上，趁热再用上述方法拆卸。

4）定子铁芯和绕组的取出

(1) 敲打定子铁芯法。如端盖正面有孔，则可用此法进行拆卸，即把定子铁芯与前端盖组件一起放在一个钢套筒上。套筒内径应稍大于定子铁芯外径，用一根纯铜棒插入后端盖的孔内，与定子铁芯端面相接触（应注意千万不能触及定子绕组），在定子铁芯四周用锤子敲打纯铜棒，直到定子铁芯及定子绕组脱离前端盖。用此法拆卸时，套筒下面要多垫棉纱等软物，以防定子铁芯掉下时砸伤定子绕组。

(2) 撞击法。如端盖正面无孔，则可用此法进行拆卸，即将定子铁芯及前端盖组件倒放在一个圆筒上，圆筒底部要多垫棉纱等软物。用双手将该组件与圆筒合抱在一起撞击，依靠定子铁芯及绕组的重量，使其与前端盖脱离。

(3) 敲打端盖法。将定子铁芯伸出端盖的部分用台虎钳夹紧（注意不能触及定子绕组），随后用铜棒敲击端盖的边缘，使端盖与定子铁芯脱离，注意不能损伤端盖。此法不需要任何专用工具，最为简单，如有可能应首先考虑采用这种方法。电动机拆解完成后，进行绕组重绕等维修工作。

5. 单相异步电动机的装配（与三相异步电动机装配相似）

1）配装前准备工作

(1) 先将电动机、转子内、外的灰尘、油污、锈斑等清理干净。

(2) 再把浸漆后遗留在定子内腔表面、止口上的绝缘漆刮除干净。

(3) 检查槽楔有无松动、绕组绑扎无松脱、无过高现象。

(4) 检查绕组绝缘电阻应符合质量要求。

2）电动机的装配程序

(1) 轴承装入转子轴。

(2) 转子和后端盖装入定子内腔并用螺栓固定。

(3) 装配前端盖。

(4) 后轴装风叶和风罩。

(5) 进行必要的质量检查、调整和试验。

6. 拆卸单相异步电动机的注意事项

(1) 牢记拆卸步骤。在拆卸时，就必须考虑到以后的装配，通常两者的顺序正好相反，即先拆的后装，后拆的先装。对于初次学习拆卸者来讲，可以边拆边记录拆卸的顺序。

(2) 电动机的零部件集中放置。由于单相异步电动机的许多零部件体积都比较小，在拆卸后如果要进行绕组修换时，间隔时间较长。为了保证零部件不损坏、不丢失，则必须将所有的零部件集中放置在盒子内或者袋子内，妥善保管。

(3) 保证电动机各个零部件的完好无损。由于单相异步电动机的功率一般都很小，体积小，各零部件的机械强度一般比三相异步电动机的机械强度要小，所以，在拆卸的过程当中特别要注意轻敲、轻打。不允许用与电动机铁芯及端盖等同等硬度的金属物敲击电动机。必须借助紫铜棒、紫铜板、木板等才能敲击电动机。由于电动机定子绕组的线径很细，因此，不允许直接撞击电动机的定子绕组。在拆卸时，注意防止各个零部件直接跌落在地上或钳台上，造成零部件的变形或者破损。

11.4 单相异步电动机故障排除

引导问题：收集资料，查阅单相异步电动机常见故障及排除方法。

1. 电动机无法起动

（1）故障原因：
①电源电压不正常；
②电动机定子绕组断路；
③电容器损坏；
④离心开关触头闭合不上；
⑤转子卡住；
⑥过载。

（2）故障排除：
①检查电源电压是否过低；
②用万用表检查定子绕组是否完好；
③用万用表或其他仪表检查电容器好坏；
④修理或更换；
⑤检查轴承质量，润滑油是否正常，定子与转子是否相碰；
⑥检查电动机所带负载是否正常。

2. 起动转矩很小，或起动延缓且转向不定

（1）故障原因：
①起动绕组断路；
②电容器开路；
③离心开关触头合不上；

（2）故障排除：
①检查起动绕组，找出断路点；
②检查或更换电容器；
③修理或更换离心开关。

3. 电动机转速低于正常转速

（1）故障原因：
①电源电压偏低；
②绕组匝间短路；
③离心开关触头无法断开，起动绕组未切除；
④电容器损坏（击穿或容量减少）；
⑤电动机负载过重。

（2）故障排除：
①找出原因，提高电源电压；

②修理或更换绕组；

③修理或更换离心开关；

④更换电容器；

⑤检查轴承质量，检查负载情况。

4. 电动机转动时噪声大或振动大

（1）故障原因：

①绕组断路或接地；

②轴承损坏或缺少润滑油；

③定子与转子空隙中有杂物；

④电风扇风叶变形，不平衡。

（2）故障排除：

①找出故障点，修理或更换；

②更换轴承或加润滑油；

③清除杂物；

④修理或更换。

5. 电动机过热

（1）故障原因：

①工作绕组或起动绕组（电容运转）短路或接地；

②电容起动电动机工作绕组与起动绕组相互接错；

③电容起动电动机离心开关无法断开，使起动绕组长期运行。

（2）故障排除：

①找出故障处，修理或更换；

②调换接法；

③修理或更换离心开关。

任务实施：单相异步电动机检修

（1）根据单相异步电动机检修规范及要求，制订三相异步电动机拆卸、安装和故障排除的行动计划（填写下表对应的操作要点及注意事项）。

操作流程		
序号	作业项目	操作要点
1	单相异步电动机拆卸	
2	单相异步电动机安装	
3	单相异步电动机故障排除	
作业注意事项		
审核意见		日期： 签字：

（2）请根据作业计划，完成小组成员任务分工，按要求填写下表。

操作人		记录员、监护人	
1. 单相异步电动机拆卸			
详细过程			
2. 单相异步电动机安装			
详细过程			
3. 单相异步电动机故障排除			
详细过程			

（3）请实训指导教师检查本组作业结果，并针对实训过程出现的问题提出改进措施及建议。

序号	评价标准	评价结果
1	单相异步电动机拆卸方法及步骤是否正确	
2	单相异步电动机安装方法及步骤是否正确	
3	单相异步电动机故障排除方法是否正确	
综合评价		
综合评语（改进意见）		

（4）请根据自己在课堂中的实际表现进行自我反思和自我评价。

自我反思	
自我评价	

（5）实训成绩。

项目	评分标准	分值	得分
接收工作任务	明确工作任务，理解任务在企业工作中的重要程度	5	

续表

项目	评分标准	分值	得分
收集信息	掌握单相异步电动机拆卸方法及步骤	10	
	掌握单相异步电动机安装方法及步骤	10	
	掌握单相异步电动机故障排除方法	10	
制订计划	按照单相异步电动机检修规范及要求,制订合适的检修训练计划	5	
	能协同小组人员安排任务分工	5	
	能在实施前准备好需要的工具器材	5	
实施计划	规范进行场地布置	5	
	劳保用品穿戴整齐	5	
	检修工具检查无问题,准备完毕	10	
	单相异步电动机检修训练任务的实施情况	10	
质量检查	任务完成,单相异步电动机拆卸、安装和故障排除操作熟练、动作规范	10	
评价反馈	能对自身表现情况进行客观评价	5	
	在任务实施过程中发现自身问题	5	
得分(满分100分)			

11.5 企业案例

电动工具伤人事故

1. 事故经过

2015年11月6日,某厂质检科由于凝点分析室暖气管道破裂漏气,墙壁脱皮破坏严重,墙角积水,长时间下去墙角会塌陷,需要进行焊接补漏整改。经过车间领导同意后,砸掉破漏处地板砖后发现破漏处在墙根底下,排水管在大厅和天平室地下经过,联系机修车间的人进行补漏焊接,机修人员检查后认为无法进行焊接。因挖墙角需砸掉的地板砖多,破坏损失多,修补麻烦费时。车间暖气管道在地下,由于长期处于高温蒸汽环境,破损腐蚀比较严重。为了预防在同一点处再次破裂,需进行管道改路线作业,经车间领导同意,从西墙上打洞引出接管道。机修车间人员让质检科把洞打好,然后再焊接。由于天气比较寒冷,要及时更换管道,否则时间太久,管道内的积水会冻起来,造成管道冻裂,可能导致车间暖气管道出现更大的问题。为了及时解决问题,王某到材料室借来电锤打洞,由于窗子底下是混凝土钢筋材质，打洞比较困难，打到一半时，钻头遇到比较硬的地方，当时王某握锤比较紧没松手，电锤卡了一下，由于惯性大把手伤了，手背肿胀，后经医院拍 X 光后发现右手第四掌骨中段骨折裂缝。

2. 事故原因

（1）操作人员安全意识淡薄，不会使用工具。没有对作业危险因素进行辨识，防范措施不够。

（2）手持电动工具使用管理混乱，对怎么使用、谁使用没有规定。

3. 事故防范措施

（1）规范手持电动工具的使用，下发手持电动工具管理规定。在使用中必须要求由有使用经验的人员来操作。

（2）在各项作业前对作业人员进行危险有害因素辨识培训，提高员工的安全意识，并在制定相应的防范措施后再作业。

项目 12

电气控制线路的安装与检修

12.1 点动正转控制电路的安装与检修

三相异步电动机
点动控制

学习情境描述

在生产实践中,各种生产机械的工作性质不同,对控制的要求不同,元器件、原理图、接线图的组成也不尽相同,但不管什么样的控制电路都是由一些基本控制方式组合而成,下面先来认识最简单的一种——点动正转控制线路。点动控制多用于机床刀架、横梁、立柱等快速移动和机床对刀等场合。

学习目标

1. 掌握点动正转控制电路的工作原理。
2. 学会绘制、识读电气控制电路的电路图、接线图和布置图。
3. 能按照工艺要求安装点动正转控制线路。
4. 根据电路原理能静态检测电路。
5. 根据故障现象检修并排除故障点。
6. 提升学生职业素养,培养学生的工匠精神、绿色环保意识和安全用电观念。

获取信息

点动正转控制电路原理图如图 12-1 所示。

引导问题 1:掌握电路原理。

电路原理

起动,接入电源闭合断路器 QF,按下按钮 SB,交流接触器 KM 线圈_____,KM 主触头_____,电动机得电运行。

停止,松开按钮 SB,交流接触器 KM 线圈_____,KM 主触头_____,电动机失电停止。

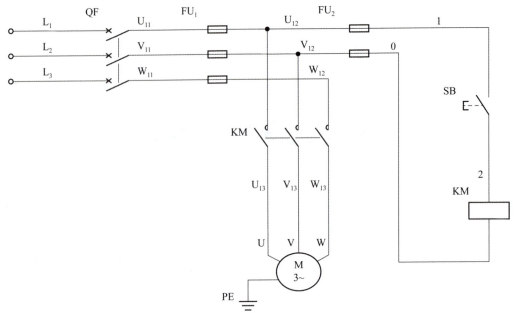

图 12-1　点动正转控制电路原理图

任务规划

（1）根据电路原理图结合实际绘制出接线图（见图 12-2）。

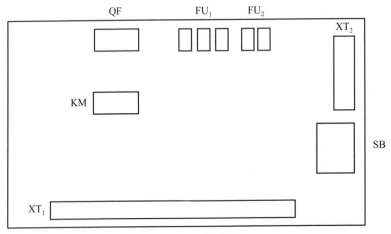

图 12-2　接线图

小提示

布置图是根据电气元件在控制板上的实际安装位置，采用简化的外形符号（如正方形、矩形、圆形等）而绘制的一种简图，它不表达各电气的具体结构、作用、接线情况以及工作原理，主要用于电气元器件的布置和安装，图中各元件的文字符号必须与电路图和接线图的标注一致。

接线图是根据电气设备和电气元器件的实际位置和安装情况绘制的，只用来表示电气设备和电气元器件的位置、配线方式和接线方式,而不明显表示电气动作原理,主要用于安装接线、线路的检查维修和故障处理。

(2) 检查元器件外观是否完好,用仪表检查元器件的技术参数是否符合要求。

(3) 根据电路元器件布置图安装元器件。

(4) 根据接线图按工艺要求布线,导线两端套上与电路图相符的线号管。

(5) 静态检测。

①按照电路图或接线图从电源端开始,核对接线及接线端子处线号是否正确,有无漏接、错接之处。检查导线接点是否符合要求,压接是否牢固。

根据电路原理使用万用表检测主电路、控制电路有无短路故障及线路的通断情况。

②用兆欧表检查线路绝缘电阻的阻值,应不小于 1 MΩ。

(6) 安装电动机。

(7) 连接电动机和所有电气元器件金属外壳的保护接地线。

(8) 连接电源导线。

(9) 自检、互检、师检。

(10) 通电试车。点动正转控制电路实物图如图 12-3 所示。

引导问题 2:查阅布线工艺标准。

(1) 布线时严禁损伤_____和导线_____。

(2) 一个电气元器件接线端子上的连接导线不得多于_____根,每个接线端子板上的连接导线一般只允许连接____ _____。

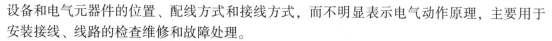

图 12-3 点动正转控制电路实物图

(3) 在每根剥去绝缘层导线的两端套上_____。布线顺序一般以_____为中心,按由里向外、由低至高,先_____电路、后_____电路的顺序进行,以不妨碍后续布线为原则。

引导问题 3:查阅静态检测方法。

1. 写出主电路的静态检测方法

_____
_____
_____
_____

2. 写出控制电路静态检测方法

_____
_____
_____
_____

引导问题 4：故障排除。

（1）电动机完好情况下按下按钮 SB，电动机运行不正常，试分析可能的原因。

_____
_____
_____
_____
_____
_____

（2）闭合断路器 QF 电动机就开始运行，试分析原因。

_____
_____
_____
_____
_____
_____

任务实施：点动正转控制电路安装与检修

（1）根据电气控制电路安装规范及要求，制订电气作业过程中，点动正转控制电路安装与检修的行动计划（填写下表对应的操作要点及注意事项）。

操作流程		
序号	作业项目	操作要点
1	阅读电气原理图，画出电气接线图	
2	检查所需元器件及核对各个元器件接线点	
3	按照工艺要求进行接线	
4	静态检测及通电试车	
作业注意事项		
审核意见		日期： 签字：

（2）请根据作业计划，完成小组成员任务分工，按要求填写下表。

操作人		监护人	
1. 阅读电气原理图,画出电气接线图			
接线图绘制的详细过程			
2. 检查所需元器件及核对各个元器件接线点			
元器件检查的详细过程			
3. 按照工艺要求进行接线			
接线详细过程			
4. 检查无误后进行静态检测及通电试车			
静态检测详细过程			

（3）请实训指导教师检查本组作业结果，并针对实训过程出现的问题提出改进措施及建议。

序号	评价标准	评价结果
1	接线图是否符合电气设备的实际接线情况	
2	电气设备参数是否符合实际情况，电气元器件是否检测完好	
3	接线、走线是否规范正确，无接点松动、露铜、过长、反圈、压绝缘层等现象	
4	静态检测是否完整无误，试车时是否符合操作规范	
综合评价		
综合评语（改进意见）		

（4）请根据自己在课堂中的实际表现进行自我反思和自我评价。

自我反思	
自我评价	

(5) 实训成绩。

项目	评分标准	分值	得分
接收工作任务	明确工作任务，理解任务在企业工作中的重要程度	5	
收集信息	掌握点动正转控制电路安装操作规范及操作要点	10	
制订计划	按照计划流程，制订合适的作业计划	10	
	能协同小组人员安排任务分工	5	
	能在实施前准备好需要的工具器材	5	
实施计划	规范进行场地布置及情景模拟	10	
	规范绘制接线图	10	
	元器件检测及布置正确	10	
	安装工作完成情况	10	
	试电工作完成情况	5	
质量检查	完成任务，操作过程规范，精益求精，具有绿色环保意识，具有爱岗敬业、遵守操作规程的良好作风	10	
评价反馈	能对自身表现情况进行客观评价	5	
	在任务实施过程中发现自身问题	5	
得分（满分100分）			

12.2 自锁正转电路的安装与检修

三相异步电动机
自锁正转电路

 学习情境描述

学习了点动控制后在要求电动机起动后能连续运行，采用点动正转控制线路显然是不行的。为实现电动机的连续运行，可采用接触器自锁正转控制线路，这种控制方法常用于机床主轴电动机控制。

 学习目标

1. 掌握自锁正转控制电路的工作原理，掌握自锁概念。
2. 学会绘制、识读电气控制电路的电路图、元器件布置图和接线图。
3. 能按照工艺要求安装接触器自锁正转控制线路。
4. 根据电路原理能静态检测电路。
5. 根据故障现象检修并排除故障点。

6. 提升学生职业素养，培养学生的工匠精神、绿色环保意识和安全用电观念。

 获取信息

自锁正转电路原理图如图 12-4 所示。

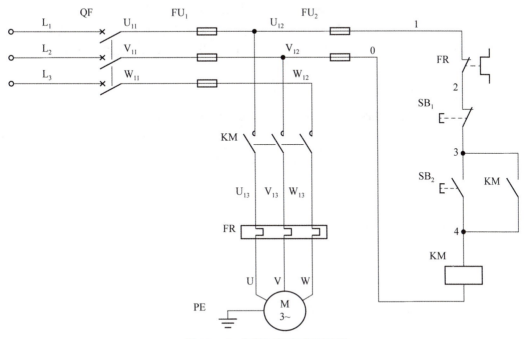

图 12-4　自锁正转电路原理图

引导问题 1：掌握电气自锁。

自锁：电气控制中的自锁是依靠接触器自身的_____而使其_____保持通电的现象。

引导问题 2：掌握电路原理。

电路原理

起动：接入电源闭合断路器 QF，按下按钮 SB_2，SB_2 常开按钮_____，交流接触器 KM 线圈_____，KM 主触头_____，KM 辅助常开触头闭合，形成_____。松开按钮 SB_2，按钮复原，电动机得电连续运行。

停止：按下按钮 SB_1，SB_1 常闭断开，交流接触器 KM 线圈_____，KM 主触头_____，电动机失电停止。

引导问题 3：查阅电路保护相关资料。

分别写出断路器、熔断器、热继电器、交流接触器在电路中起到的保护作用。

_____
_____
_____
_____

小提示

1. 自锁概念

当起动按钮松开后,接触器通过自身的辅助常开触头,使其线圈保持得电的作用叫自锁,和起动按钮并联起自锁作用的接触器辅助常开触头叫自锁触头。

再按下停止按钮 SB_1,切断控制电路时,接触器 KM 失电,其自锁触头分断解除自锁,SB_2 也是分断的,所以当松开 SB_1 其常闭触头恢复闭合后,接触器线圈不会自行得电,电动机也就不会自行重新起动运转。

2. 过载保护和短路保护的区别

所谓过载保护,也称过流保护。过载保护是在负荷过大,超过了设备本身的额定负载情况下,回路自动断开的保护。短路保护是电路发生短路而回路自动断开。短路保护一般采用瞬动,所以不能用过载保护器件代替短路保护器件。

 任务规划

(1)根据电路原理图结合实际绘制出元器件布置图和接线图。

(2)检查元器件外观是否完好,用仪表检查元器件的技术参数是否符合要求。

引导问题 4:查阅交流接触器相关资料。

用万用表检测交流接触器并记录线圈的直流电阻及各触头分合的情况,并记录在自制表格中。

(3) 根据电路元器件布置图安装元器件。
(4) 根据接线图按工艺要求布线，导线两端套上与电路图相符的线号管。
(5) 静态检测。
①按照电路图或接线图从电源端开始，核对接线及接线端子处线号是否正确，有无漏接、错接之处。检查导线接点是否符合要求，压接是否牢固。
②根据电路原理使用万用表检测主电路、控制电路有无短路故障及线路的通断情况。
③用兆欧表检查线路绝缘电阻的阻值，应不小于 1 MΩ。
(6) 安装电动机。
(7) 连接电动机和所有电气元器件金属外壳的保护接地线。
(8) 连接电源导线。
(9) 自检、互检、师检。
(10) 通电试车。自锁正转电路实物图如图 12-5 所示。

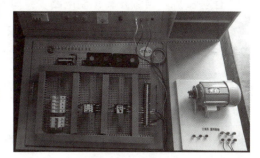

图 12-5　自锁正转电路实物图

引导问题 5：查阅静态检测相关资料。

(1) 安装电动机前闭合断路器，装上检测好的熔芯，按下交流接触器测试按钮，万用表打到蜂鸣挡，表笔分别触碰 L_1 和 U、L_2 和 V、L_3 和 W，万用表_____。如阻值无穷大则主电路出现断路。

(2) 安装电动机前闭合断路器，装上检测好的熔芯，按下交流接触器测试按钮，万用表打到蜂鸣挡，表笔分别触碰 L_1 和 L_2、L_1 和 L_3、L_2 和 L_3，万用表_____。如万用表蜂鸣，则主电路出现短路。

(3) 安装电动机前万用表打到 2 kΩ，两表笔触碰 0 和 1 端子，按下按钮 SB_2，万用表显示_____；按下交流接触测试按钮，万用表显示_____。如万用表显示 0 或无穷大请说明原因。

_____
_____
_____
_____
_____

引导问题 6：查阅故障排除相关资料。

(1) 故障现象：试电过程中，按下按钮 SB_2，电动机起动；松开按钮 SB_2，电动机停止，试分析原因。

_____
_____
_____
_____
_____

(2) 故障现象：试电过程中，按下按钮 SB_2，电动机正常起动；按下停止按钮 SB_1，电动机继续运行，试分析原因。

🎯 **任务实施：自锁正转控制电路安装与检修**

(1) 根据电气控制电路安装规范及要求，制订电气作业过程中，自锁正转控制电路安装与检修的行动计划（填写下表对应的操作要点及注意事项）。

操作流程		
序号	作业项目	操作要点
1	阅读电气原理图，画出电气接线图	
2	检查所需元器件及核对各个元器件接线点	
3	按照工艺要求进行接线	
4	静态检测及通电试车	
作业注意事项		
审核意见		日期： 签字：

(2) 请根据作业计划，完成小组成员任务分工，按要求填写下表。

操作人		监护人	
1. 阅读电气原理图，画出电气接线图			
接线图绘制的详细过程			
2. 检查所需元器件及核对各个元器件接线点			
元器件检查的详细过程			
3. 按照工艺要求进行接线			
接线详细过程			

续表

4. 检查无误后进行静态检测及通电试车	
静态检测详细过程	

（3）请实训指导教师检查本组作业结果，并针对实训过程出现的问题提出改进措施及建议。

序号	评价标准	评价结果
1	接线图是否符合电气设备的实际接线情况	
2	电气设备参数是否符合实际情况，电气元器件是否检测完好	
3	接线、走线是否规范正确，无接点松动、露铜、过长、反圈、压绝缘层等现象	
4	静态检测是否完整无误，试车时是否符合操作规范	
综合评价		
综合评语（改进意见）		

（4）请根据自己在课堂中的实际表现进行自我反思和自我评价。

自我反思	
自我评价	

（5）实训成绩。

项目	评分标准	分值	得分
接收工作任务	明确工作任务，理解任务在企业工作中的重要程度	5	
收集信息	掌握自锁正转控制电路安装操作规范及操作要点	10	
制订计划	按照计划流程，制订合适的作业计划	10	
	能协同小组人员安排任务分工	5	
	能在实施前准备好需要的工具器材	5	

续表

项目	评分标准	分值	得分
实施计划	规范进行场地布置及情景模拟	10	
	规范绘制接线图	10	
	元器件检测及布置正确	10	
	安装工作完成情况	10	
	试电工作完成情况	5	
质量检查	完成任务，操作过程规范，精益求精，具有绿色环保意识，具有爱岗敬业、遵守操作规程的良好作风	10	
评价反馈	能对自身表现情况进行客观评价	5	
	在任务实施过程中发现自身问题	5	
得分（满分100分）			

12.3 连续与点动控制电路的安装与检修

三相异步电动机
点动与连续控制

学习情境描述

机床设备在正常工作时一般需要电动机处在连续运转状态，但在试车或调整刀具与工件的相对位置时，又需要电动机能点动控制，要实现这种工艺，要求线路是连续与点动控制线路。

学习目标

1. 掌握连续与点动正转控制电路的工作原理，理解复合按钮的工作原理。
2. 学会绘制、识读电气控制电路的电路图、元器件布置图和接线图。
3. 能按照工艺要求安装接触器连续与点动控制线路。
4. 根据电路原理能静态检测电路。
5. 根据故障现象检修并排除故障点。

获取信息

连续与点动控制电路原理图如图 12-6 所示。

引导问题 1：掌握电路原理。

点动控制电路原理：

点动控制起动：接入电源，闭合断路器 QF，按下按钮 SB_3，SB_3 按钮常闭_____断开，SB_3 按钮常开_____闭合，交流接触器 KM 线圈_____，KM 主触头_____，KM 辅助常开触头_____。电动机得电运行。

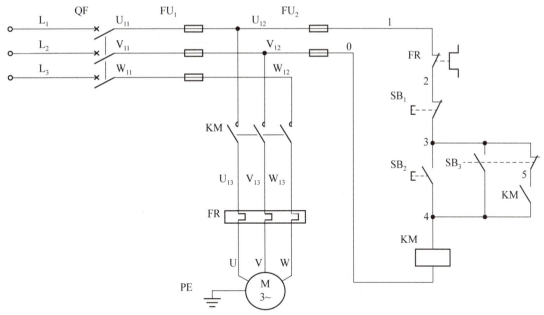

图 12-6 连续与点动控制电路原理图

点动控制停止：松开按钮 SB_3，SB_3 按钮常开先复位断开，与此同时 SB_3 常闭保持断开状态，回路形成断路，KM 线圈_____，KM 主触头、辅助触头_____，而后 SB_3 常闭复位闭合，不会形成自锁，从而电动机失电停止运行。

连续运行原理：

连续运行起动：接入电源，闭合断路器 QF，按下按钮 SB_2，SB_2 按钮常开_____，交流接触器 KM 线圈_____，KM 主触头_____，KM 辅助常开触头闭合形成自锁。电动机得电连续运行。

连续运行停止：按下按钮 SB_1，SB_1 常闭断开，交流接触器 KM 线圈_____，KM 主触头_____，电动机失电停止运行。

 小提示

复合按钮是将常开按钮与常闭按钮组合为一体，如图 12-7 所示。没有按下时，触头 1-2 是闭合的，触头 3-4 是断开的；按下时，触头 1-2 首先断开，而后触头 3-4 闭合；当松开后，按钮在复位弹簧的作用下，首先将触头 3-4 断开，而后触头 1-2 闭合。

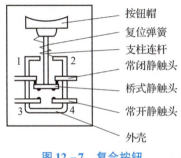

图 12-7 复合按钮

任务规划

(1) 根据电路原理图结合实际绘制出元器件布置图和接线图。

(2) 检查元器件外观是否完好,用仪表检查元器件的技术参数是否符合要求。
(3) 根据电路元器件布置图安装元器件。
(4) 根据接线图按工艺要求布线,导线两端套上与电路图相符的线号管。
(5) 静态检测。
①按照电路图或接线图从电源端开始,核对接线及接线端子处线号是否正确,有无漏接、错接之处。检查导线接点是否符合要求,压接是否牢固。
②根据电路原理使用万用表检测主电路、控制电路有无短路故障及线路的通断情况。
③用兆欧表检查线路绝缘电阻的阻值,应不小于 1 MΩ。
④安装电动机。
(6) 连接电动机和所有电气元件金属外壳的保护接地线。
(7) 连接电源导线。
(8) 自检、互检、师检。
(9) 通电试车。

引导问题 2:静态检测。

(1) 安装电机前闭合断路器,装上检测好的熔芯,按下交流接触器测试按钮,万用表打到蜂鸣挡,表笔分别触碰 L_1 和 U、L_2 和 V、L_3 和 W,万用表_____。如阻值无穷大,则主电路出现断路。

(2) 安装电机前闭合断路器,装上检测好的熔芯,按下交流接触器测试按钮,万用表打到蜂鸣挡,表笔分别触碰 L_1 和 L_2、L_1 和 L_3、L_2 和 L_3,万用表_____。如万用表蜂鸣,则主电路出现短路。

(3) 安装电机前万用表打到 2 kΩ,两表笔触碰 0 和 1 端子,按下按钮 SB_2,万用表显示_____;按下交流接触测试按钮,万用表显示_____;按下按钮 SB_3,万用表显示_____。如万用表显示 0 或无穷大,则说明控制电路存在短路或开路,应分段检测。

引导问题 3:故障排除。

(1) 故障现象:试电过程中,按下按钮 SB_3,电动机起动,松开按钮 SB_3,电动机保持运行状态，试分析原因。

（2）故障现象：试电过程中，按下按钮 SB_2，FU_2 熔芯烧坏，试分析原因。

引导问题4：分析图 12-8 所示电路的工作原理。

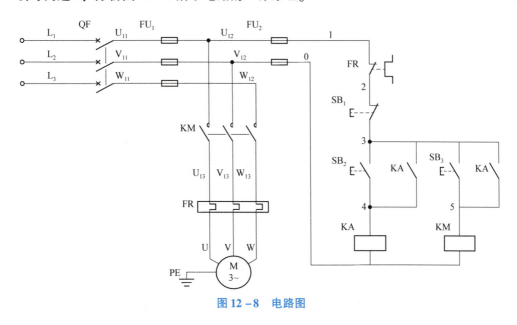

图 12-8 电路图

12.4　两电动机顺起逆停电路的安装与检修

两电动机顺起
逆停电路

 学习情境描述

观察机床主轴电机和油泵电机的运行过程后，进入下面的课程，顺序起动、逆序停止控制电路是在一个设备起动之后另一个设备才能起动运行的一种控制方法，常用于主辅设备之间的控制，当辅助设备起动之后，主要设备才能起动，主设备不停止，辅助设备也不能停止。

学习目标

1. 掌握顺起逆停控制电路的工作原理。
2. 学会绘制、识读电气控制电路的电路图、元器件布置图和接线图。
3. 能按照工艺要求安装顺起逆停控制线路。
4. 根据电路原理能静态检测电路。
5. 根据故障现象检修并排除故障点。
6. 提升学生职业素养，培养学生的工匠精神、绿色环保意识和安全用电观念。

获取信息

两电动机顺起逆停电路原理图如图 12-9 所示。

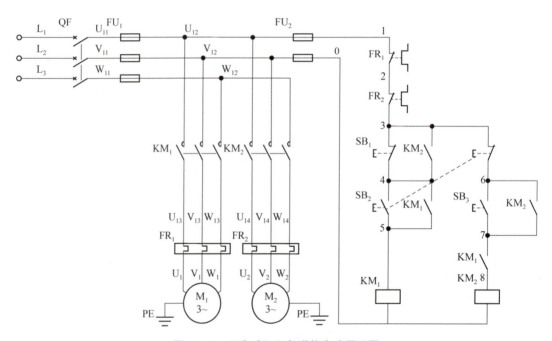

图 12-9 两电动机顺起逆停电路原理图

引导问题 1：掌握电路原理。

电路原理

起动：接入电源闭合断路器 QF，按下按钮 SB_2，SB_2 常闭触头_____、常开触头_____。交流接触器 KM_1 线圈_____，KM_1 主触头_____，KM_1 辅助常开触头 4-5 闭合形成_____，KM_1 辅助常开触头 7-8 闭合为 KM_2 得电做准备。松开按钮 SB_2，按钮复位，因有自锁触头，所以电动机 M_1 得电连续运行。

按下按钮 SB_3，SB_3 常开闭合，交流接触器 KM_2 线圈_____，KM_2 主触头____

_____，电动机 M_2 运行，KM_2 辅助常开触头 6 – 7 闭合形成_____，KM_2 辅助常开触头 3 – 4 闭合，为首先停止电动机 M_2 做准备，顺起过程完成。

停止：按下按钮 SB_2，SB_2 常闭断开，交流接触器 KM_2 线圈_____，KM_2 主触头_____，电动机 M_2 失电停止。KM_2 辅助触头复位，按下按钮 SB_1，SB_1 常闭断开，交流接触器 KM_1 线圈_____，KM_1 主触头_____，电动机 M_1 失电停止。KM_1 辅助触头复位，逆停过程完成。

电路功能：M_1 起动后，M_2 才能起动。

　　　　　M_2 停止后，M_1 才能停止。

引导问题 2：查阅顺起逆停概念。

（1）接入电源闭合断路器 QF，首先按下按钮 SB_3，电路会发生什么现象？

_____

_____

_____

_____

_____

_____

（2）停止过程首先按下按钮 SB_1，电路会发生什么现象？

_____

_____

_____

_____

_____

_____

小提示

要求几台电动机的起动或停止必须按一定顺序来完成的控制方式，叫作电动机的顺序控制。

顺序起动：在后起动的电动机线圈电路中串入先起动的接触器常开触头。

逆序停止：在先起动的电动机停止按钮两端并联上后起动的接触器常开触头。

任务规划

（1）根据电路原理图，结合实际绘制出元器件布置图和接线图。

(2) 检查元器件外观是否完好,用仪表检查元器件的技术参数是否符合要求。

(3) 根据电路元器件布置图安装元器件。

(4) 根据接线图按工艺要求布线,导线两端套上与电路图相符的线号管(见图 12-10)。

(5) 静态检测。

①按照电路图或接线图从电源端开始,核对接线及接线端子处线号是否正确,有无漏接、错接之处。检查导线接点是否符合要求,压接是否牢固。

②根据电路原理使用万用表检测主电路、控制电路有无短路故障及线路的通断情况。

③用兆欧表检查线路绝缘电阻的阻值,应不小于 1 MΩ。

(6) 安装电动机。

(7) 连接电动机和所有电气元件金属外壳的保护接地线。

(8) 连接电源导线。

(9) 自检、互检、师检。

(10) 通电试车。两电动机顺起逆停电路实物图如图 12-10 所示。

引导问题 3:查阅静态检测相关资料。

(1) 详细写出主电路静态检测的方法及步骤。

图 12-10 两电动机顺起逆停电路实物图

_____
_____
_____
_____

(2) 详细写出控制电路静态检测的方法及步骤。

_____
_____
_____
_____
_____

引导问题 4:查阅故障排除相关资料。

(1) 故障现象:试电过程中,按下按钮 SB_2,两电动机同时起动,试分析原因。

_____
_____
_____
_____

项目 12　电气控制线路的安装与检修

（2）故障现象：试电过程中，停止时按下按钮 SB_2，电动机 M_2 不会停止运行，试分析原因。

_____
_____
_____
_____
_____

任务实施：两电动机顺起逆停控制电路安装与检修

（1）根据电气控制电路安装规范及要求，制订电气作业过程中，两电动机顺起逆停控制电路安装与检修的行动计划（填写下表对应的操作要点及注意事项）。

操作流程		
序号	作业项目	操作要点
1	阅读电气原理图，画出电气接线图	
2	检查所需元器件及核对各个元器件接线点	
3	按照工艺要求进行接线	
4	静态检测及通电试车	
作业注意事项		
审核意见		日期： 签字：

（2）请根据作业计划，完成小组成员任务分工。

操作人		监护人	
1. 阅读电气原理图，画出电气接线图			
接线图绘制的详细过程			
2. 检查所需元器件及核对各个元器件接线点			
元器件检查的详细过程			
3. 按照工艺要求进行接线			
接线详细过程			

续表

4. 检查无误后进行静态检测及通电试车	
静态检测详细过程	

（3）请实训指导教师检查本组作业结果，并针对实训过程出现的问题提出改进措施及建议。

序号	评价标准	评价结果
1	接线图是否符合电气设备的实际接线情况	
2	电气设备参数是否符合实际情况，电气元器件是否检测完好	
3	接线、走线是否规范正确，无接点松动、露铜、过长、反圈、压绝缘层等现象	
4	静态检测是否完整无误，试车时是否符合操作规范	
综合评价		
综合评语（改进意见）		

（4）请根据自己在课堂中的实际表现进行自我反思和自我评价。

自我反思	
自我评价	

（5）实训成绩。

项目	评分标准	分值	得分
接收工作任务	明确工作任务，理解任务在企业工作中的重要程度	5	
收集信息	掌握两电动机顺起逆停控制电路安装操作规范及操作要点	10	
制订计划	按照计划流程，制订合适的作业计划	10	
	能协同小组人员安排任务分工	5	
	能在实施前准备好所需要的工具器材	5	

续表

项目	评分标准	分值	得分
实施计划	规范进行场地布置及情景模拟	10	
	规范绘制接线图	10	
	元器件检测及布置正确	10	
	安装工作完成情况	10	
	试电工作完成情况	5	
质量检查	完成任务,操作过程规范,精益求精,具有绿色环保意识,具有爱岗敬业、遵守操作规程的良好作风	10	
评价反馈	能对自身表现情况进行客观评价	5	
	在任务实施过程中发现自身问题	5	
得分(满分 100 分)			

12.5　两电动机顺起顺停电路的安装与检修

两电动机
顺起顺停电路

学习情境描述

在多台电动机拖动控制系统中,各电动机所起的作用不同,因此就存在要求这些电动机按照一定的顺序来起动或停止的情况,这时就要用到顺序控制。顺序控制的关键是首先运行的电动机未运行时,其他电动机是无法起动的,首先停止的电动机未停止时,其他电动机是无法停止的。

学习目标

1. 掌握顺起顺停控制电路的工作原理。
2. 学会绘制、识读电气控制电路的电路图、元器件布置图和接线图。
3. 能按照工艺要求安装顺起顺停控制线路。
4. 根据电路原理能静态检测电路。
5. 根据故障现象检修并排除故障点。
6. 提升学生职业素养,培养学生的工匠精神、绿色环保意识和安全用电观念。

获取信息

两电动机顺起顺停电路原理图如图 12-11 所示。

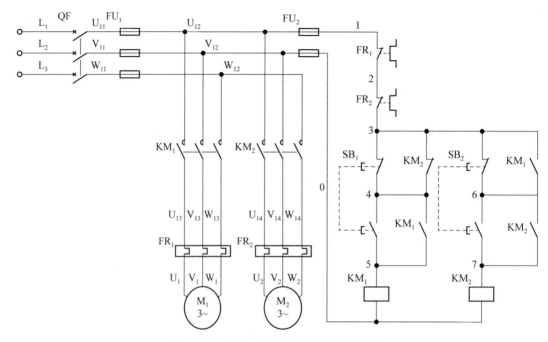

图 12-11 两电动机顺起顺停电路原理图

引导问题 1：掌握电路原理。

起动：接入电源闭合断路器 QF，按下按钮_____，_____常闭触头_____、常开触头_____。交流接触器 KM_1 线圈_____，KM_1 主触头_____，KM_1 辅助常开触头 4-5 闭合形成_____，KM_1 辅助常开触头 3-6 闭合为 KM_2 得电做准备，所以电动机 M_1 得电连续运行。

按下按钮_____，_____按钮常开闭合，交流接触器 KM_2 线圈_____，KM_2 主触头_____，电动机 M_2 运行，KM_2 辅助常开触头 6-7 闭合形成_____，KM_2 辅助常闭触头 3-4 断开，为首先停止电动机 M_1 做准备，顺起过程完成。

停止：按下按钮_____，_____常闭断开，交流接触器 KM_1 线圈_____，KM_1 主触头_____，电动机 M_1 失电停止。KM_1 辅助触头复位，按下_____，_____常闭断开，交流接触器 KM_2 线圈_____，KM_2 主触头_____，电动机 M_2 失电停止。KM_2 辅助触头复位，顺停过程完成。

电路功能：M_1 起动后，M_2 才能起动。
　　　　　M_1 停止后，M_2 才能停止。

任务规划

（1）根据电路原理图，结合实际绘制出元器件布置图和接线图。

(2)检查元器件外观是否完好,用仪表检查元器件的技术参数是否符合要求。

(3)根据电路元器件布置图安装元器件。
(4)根据接线图按工艺要求布线,导线两端套上与电路图相符的线号管。
(5)静态检测。
①按照电路图或接线图从电源端开始,核对接线及接线端子处线号是否正确,有无漏接、错接之处。检查导线接点是否符合要求,压接是否牢固。
②根据电路原理使用万用表检测主电路、控制电路有无短路故障及线路的通断情况。
③用兆欧表检查线路绝缘电阻的阻值,应不小于 1 MΩ。
(6)安装电动机。
(7)连接电动机和所有电气元器件金属外壳的保护接地线。
(8)连接电源导线。
(9)自检、互检、师检。
(10)通电试车。

引导问题2:查阅静态检测相关资料。

(1)详细写出主电路静态检测的方法及步骤。

(2)详细写出控制电路静态检测的方法及步骤。

引导问题 3：查阅故障排除相关资料。

（1）故障现象：试电过程中，按下起动按钮，两电动机同时起动，试分析原因。

_____
_____
_____
_____
_____
_____
_____

（2）故障现象：试电过程中，按下停止按钮，两电动机同时停止，试分析原因。

_____
_____
_____
_____
_____
_____
_____

任务实施：两电动机顺起顺停控制电路安装与检修

（1）根据电气控制电路安装规范及要求，制订电气作业过程中，两电动机顺起顺停控制电路安装与检修的行动计划（填写下表对应的操作要点及注意事项）。

操作流程		
序号	作业项目	操作要点
1	阅读电气原理图，画出电气接线图	
2	检查所需元器件及核对各个元器件接线点	
3	按照工艺要求进行接线	
4	静态检测及通电试车	
作业注意事项		
审核意见		日期： 签字：

项目12　电气控制线路的安装与检修

（2）请根据作业计划，完成小组成员任务分工，按要求填写下表。

操作人		监护人	
1. 阅读电气原理图，画出电气接线图			
接线图绘制的详细过程			
2. 检查所需元器件及核对各个元器件接线点			
元器件检查的详细过程			
3. 按照工艺要求进行接线			
接线详细过程			
4. 检查无误后进行静态检测及通电试车			
静态检测详细过程			

（3）请实训指导教师检查本组作业结果，并针对实训过程出现的问题提出改进措施及建议。

序号	评价标准	评价结果
1	接线图是否符合电气设备的实际接线情况	
2	电气设备参数是否符合实际情况，电气元器件是否检测完好	
3	接线、走线是否规范正确，无接点松动、露铜、过长、反圈、压绝缘层等现象	
4	静态检测是否完整无误，试车时是否符合操作规范	
综合评价		
综合评语（改进意见）		

（4）请根据自己在课堂中的实际表现进行自我反思和自我评价。

自我反思	
自我评价	

（5）实训成绩。

项目	评分标准	分值	得分
接收工作任务	明确工作任务，理解任务在企业工作中的重要程度	5	
收集信息	掌握两电动机顺起顺停控制电路原理、安装操作规范及操作要点	10	
制订计划	按照计划流程，制订合适的作业计划	10	
	能协同小组人员安排任务分工	5	
	能在实施前准备好需要的工具器材	5	
实施计划	规范进行场地布置及情景模拟	10	
	规范绘制接线图	10	
	元器件检测及布置正确	10	
	安装工作完成情况	10	
	试电工作完成情况	5	
质量检查	完成任务，操作过程规范，精益求精，具有绿色环保意识，具有爱岗敬业、遵守操作规程的良好作风	10	
评价反馈	能对自身表现情况进行客观评价	5	
	在任务实施过程中发现自身问题	5	
得分（满分 100 分）			

12.6　三台电动机顺起顺停电路的安装与检修

三台电动机
顺起顺停

学习情境描述

顺序控制：要求几台电动机的起动或停止必须按照一定的先后顺序来完成的控制方式，在装有多台电动机的生产机械上各电动机所起的作用是不同的，有时需按一定的顺序起动或停止，才能保证工作过程的合理和安全可靠。

学习目标

1. 掌握三台电动机顺起顺停控制电路的工作原理。
2. 学会绘制、识读电气控制电路的电路图、元器件布置图和接线图。
3. 能按照工艺要求安装三台电动机顺起顺停控制线路。
4. 根据电路原理能静态检测电路。
5. 根据故障现象检修并排除故障点。

6. 提升学生职业素养，培养学生的工匠精神、绿色环保意识和安全用电观念。

获取信息

引导问题1：电路设计（补全图12-12电路原理图）。

三台电动机顺起顺停电路原理图如图12-12所示。

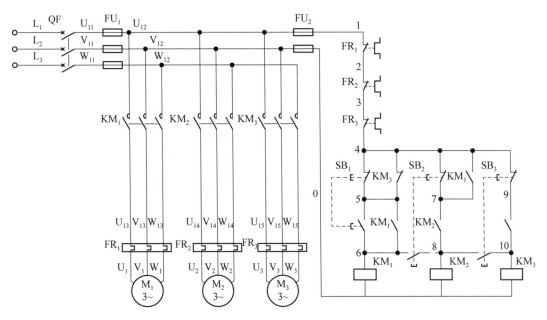

图12-12 三台电动机顺起顺停电路原理图

引导问题2：掌握电路原理。

起动：接入电源闭合断路器QF，按下按钮＿＿＿＿＿＿，＿＿＿＿＿＿常闭触头＿＿＿＿＿＿、常开触头＿＿＿＿＿＿。交流接触器KM_1线圈＿＿＿＿＿＿，KM_1主触头＿＿＿＿＿＿，KM_1辅助常开触头5-6闭合形成＿＿＿＿＿＿，KM_1辅助常开触头4-7闭合为KM_2线圈持续得电做准备。松开按钮，按钮复位，因有自锁触头，所以电动机M_1得电连续运行。

按下按钮＿＿＿＿＿＿，＿＿＿＿＿＿按钮常闭先断开，常开后闭合，交流接触器KM_2线圈＿＿＿＿＿＿，KM_2主触头＿＿＿＿＿＿，电动机M_2运行，KM_2辅助常开触头7-8闭合，KM_2辅助常开触头4-9闭合，为KM_3线圈持续得电做准备。

按下按钮＿＿＿＿＿＿，＿＿＿＿＿＿按钮常闭先断开，常开后闭合，交流接触器KM_3线圈＿＿＿＿＿＿，KM_3主触头＿＿＿＿＿＿，电动机M_3运行，KM_3辅助常开触头9-10闭合，KM_3辅助常闭触头4-5断开，为KM_1线圈失电做准备，起动过程完成。

停止：按下按钮＿＿＿＿＿＿，＿＿＿＿＿＿常闭断开，交流接触器KM_1线圈＿＿＿＿＿＿，KM_1主触头＿＿＿＿＿＿，电动机M_1失电停止。KM_1辅助触头复位。

按下＿＿＿＿＿＿，＿＿＿＿＿＿常闭断开，交流接触器KM_2线圈＿＿＿＿＿＿，KM_2主触头＿＿＿＿＿＿，电动机M_2失电停止。KM_2辅助触头复位。

按下_____，_____常闭断开，交流接触器 KM_3 线圈_____，KM_3 主触头_____，电动机 M_3 失电停止。KM_3 辅助触头复位，停止过程完成。

电路功能：M_1 起动后，M_2 才能起动，M_2 起动后，M_3 才能起动。

M_1 停止后，M_2 才能停止，M_2 停止后，M_3 才能停止。

任务规划

（1）根据电路原理图结合实际绘制出元器件布置图和接线图。

（2）检查元器件外观是否完好，用仪表检查元器件的技术参数是否符合要求。

（3）根据电路元器件布置图安装元器件。

（4）根据接线图按工艺要求布线，导线两端套上与电路图相符的线号管。

（5）静态检测

①按照电路图或接线图从电源端开始，核对接线及接线端子处线号是否正确，有无漏接、错接之处。检查导线接点是否符合要求，压接是否牢固。

②根据电路原理使用万用表检测主电路、控制电路有无短路故障及线路的通断情况。

③用兆欧表检查线路绝缘电阻的阻值，应不小于 1 MΩ。

（6）安装电动机。

（7）连接电动机和所有电气元器件金属外壳的保护接地线。

（8）连接电源导线。

（9）自检、互检、师检。

（10）通电试车。

引导问题 3：查阅静态检测相关资料。

（1）万用表打到蜂鸣挡，两表笔触碰端子排 4-5，万用表_____，按下按钮 SB_1，万用表_____；同时按下 SB_1 和 KM_3 测试按钮，万用表_____。

（2）万用表打到蜂鸣挡，两表笔触碰端子排 5-6，万用表_____，按下按钮 SB_1，万用表_____；按下 KM_1 测试按钮，万用表_____。

（3）万用表打到蜂鸣挡，两表笔触碰端子排 6-8，万用表_____。按下按钮 SB_2，万用表_____。

（4）万用表打到蜂鸣挡，两表笔触碰端子排 4-7，万用表_____，按下按钮 SB_2，万用表_____；按下 SB_2 后按下 KM_1 测试按钮，万用表_____。

（5）万用表打到蜂鸣挡，两表笔触碰端子排 7-8，万用表_____，按下 KM_2 测试按钮，万用表_____。

（6）万用表打到蜂鸣挡，两表笔触碰端子排 8 – 10，万用表_____，按下按钮 SB$_3$，万用表_____。

（7）万用表打到蜂鸣挡，两表笔触碰端子排 4 – 9，万用表_____，按下按钮 SB$_3$，万用表_____；按下 SB$_2$ 后按下 KM$_2$ 测试按钮，万用表_____。

（8）万用表打到蜂鸣挡，两表笔触碰端子排 9 – 10，万用表_____，按下 KM$_3$ 测试按钮，万用表_____。

引导问题 4：查阅故障排除相关资料。

（1）故障现象：试电过程中，起动电动机 M$_2$，按下按钮 SB$_2$，电动机 M$_2$ 不起动，试分析原因。

_____
_____
_____

（2）故障现象：试电过程中，停止时按下 SB$_1$，电动机 M$_1$ 不会停止运行，试分析原因。

_____
_____
_____
_____
_____

任务实施：三台电动机顺起顺停控制电路安装与检修

（1）根据电气控制电路安装规范及要求，制订电气作业过程中，三台电动机顺起顺停控制电路安装与检修的行动计划（填写下表对应的操作要点及注意事项）。

操作流程		
序号	作业项目	操作要点
1	阅读电气原理图，画出电气接线图	
2	检查所需元器件及核对各个元器件接线点	
3	按照工艺要求进行接线	
4	静态检测及通电试车	
作业注意事项		
审核意见		日期： 签字：

（2）请根据作业计划，完成小组成员任务分工，按要求填写下表。

操作人		监护人	
1. 阅读电气原理图，画出电气接线图			
接线图绘制的详细过程			
2. 检查所需元器件及核对各个元器件接线点			
元器件检查的详细过程			
3. 按照工艺要求进行接线			
接线详细过程			
4. 检查无误后进行静态检测及通电试车			
静态检测详细过程			

（3）请实训指导教师检查本组作业结果，并针对实训过程出现的问题提出改进措施及建议。

序号	评价标准	评价结果
1	接线图是否符合电气设备的实际接线情况	
2	电气设备参数是否符合实际情况，电气元件是否检测完好	
3	接线、走线是否规范正确，无接点松动、露铜、过长、反圈、压绝缘层等现象	
4	静态检测是否完整无误，试车时是否符合操作规范	
综合评价		
综合评语（改进意见）		

（4）请根据自己在课堂中的实际表现进行自我反思和自我评价。

自我反思	
自我评价	

（5）实训成绩。

项目	评分标准	分值	得分
接收工作任务	明确工作任务，理解任务在企业工作中的重要程度	5	
收集信息	掌握三台电动机顺起顺停控制电路原理、安装操作规范及操作要点	10	
制订计划	按照计划流程，制订合适的作业计划	10	
	能协同小组人员安排任务分工	5	
	能在实施前准备好需要的工具器材	5	
实施计划	规范进行场地布置及情景模拟	10	
	规范绘制接线图	10	
	元器件检测及布置完成情况	10	
	安装工作完成情况	10	
	试电工作完成情况	5	
质量检查	完成任务，操作过程规范，精益求精，具有绿色环保意识，具有爱岗敬业、遵守操作规程的良好作风	10	
评价反馈	能对自身表现情况进行客观评价	5	
	在任务实施过程中发现自身问题	5	
得分（满分100分）			

12.7 接触器互锁正反转电路的安装与检修

 学习情境描述

单向正转自锁控制电路只能使电动机朝一个方向旋转，带动生产机械的运动部件朝一个方向运动。但许多生产机械往往要求运动部件能向正、反两个方向运动。如机床工作台的前进与后退；万能铣床主轴的正转与反转；起重机的上升与下降等，这些生产机械要求电动机能实现正反转控制。

接触器互锁
正反转控制

学习目标

1. 掌握改变三相交流电动机转向的方法。
2. 理解接触器互锁的正反转控制电路的工作原理。
3. 学会绘制、识读电气控制电路的电路图、元器件布置图和接线图。
4. 能按照工艺要求安装接触器自锁正转控制线路。
5. 能根据电路原理静态检测电路。
6. 能根据故障现象检修并排除故障点。

获取信息

接触器互锁正反转电路原理图如图 12–13 所示。

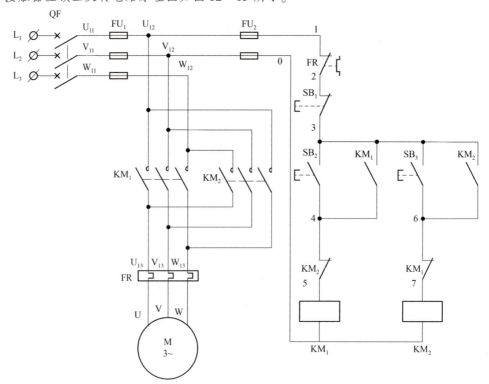

图 12–13　接触器互锁正反转电路原理图

 小提示

1. 改变三相异步电动机转向的方法

改变三相异步电动机转向的方法：改变通入电动机定子绕组的三相电的相序，即把接入电动机三相电源进线中的任意两根对调即可。

2. 互锁的概念

常闭辅助触点和对方的线圈串联，起着相互制约，防止同时得电的作用，当一个接触器得电动作时，通过其常闭触头使另一个接触器不能得电动作，把接触器之间的这种相互制约的关系叫作互锁。把实现互锁作用的接触器的常闭辅助触点称为互锁触头。

引导问题 1：掌握电气互锁。

根据电路原理分析 KM_1 和 KM_2 线圈同时得电，电路会发生的情况。

_____
_____
_____
_____
_____

引导问题 2：掌握电路原理。

正转起动：接入电源闭合断路器 QF，按下按钮 SB_2，SB_2 常开按钮_____，交流接触器 KM_1 线圈_____，KM_1 主触头_____，KM_1 辅助常开触头闭合形成_____，KM_1 辅助常闭触头断开形成_____。松开按钮 SB_2，按钮复原，电动机得电连续正向运行。

停止：按下按钮 SB_1，SB_1 常闭断开，交流接触器 KM_1 线圈_____，KM_1 主触头_____，电动机失电停止。

反转起动：接入电源闭合断路器 QF，按下按钮 SB_3，SB_3 常开按钮_____，交流接触器 KM_2 线圈_____，KM_2 主触头_____，KM_2 辅助常开触头闭合形成_____，KM_2 辅助常闭触头断开形成_____。松开按钮 SB_2，按钮复原，电动机得电连续反向运行。

停止：按下按钮 SB_1，SB_1 常闭断开，交流接触器 KM_2 线圈_____，KM_2 主触头_____，电动机失电停止。

引导问题 3：掌握电路原理。

假设接入电源闭合断路器 QF，按下按钮 SB_2，电动机正向运行，这时不按停止按钮 SB_1 而按下反向起动按钮 SB_3，电路会发生什么情况？请说明原因。

_____
_____
_____
_____

任务规划

（1）根据电路原理图结合实际绘制出元器件布置图和接线图。

（2）检查元器件外观是否完好，用仪表检查元器件的技术参数是否符合要求。
（3）根据电路元器件布置图安装元器件。
（4）根据接线图按工艺要求布线，导线两端套上与电路图相符的线号管（主电路 KM_1 和 KM_2 主触头涉及换相，请仔细按照接线图接线）。

(5) 静态检测。

①按照电路图或接线图从电源端开始，核对接线及接线端子处线号是否正确，有无漏接、错接之处。检查导线接点是否符合要求，压接是否牢固。

②根据电路原理使用万用表检测主电路、控制电路有无短路故障及线路的通断情况。

③用兆欧表检查线路绝缘电阻的阻值，应不小于 1 MΩ。

(6) 安装电动机。

(7) 连接电动机和所有电气元器件金属外壳的保护接地线。

(8) 连接电源导线。

(9) 自检、互检、师检。

(10) 通电试车。接触器互锁正反转电路实物图如图 12–14 所示。

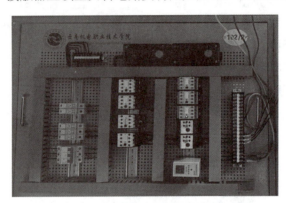

图 12–14　接触器互锁正反转电路实物图

引导问题 4：查阅静态检测相关资料。

(1) 安装电机前闭合断路器，装上检测好的熔芯，按下 KM_1 交流接触器测试按钮，万用表打到蜂鸣挡，表笔分别触碰 L_1 和 U、L_2 和 V、L_3 和 W，万用表_____。如阻值无穷大，则主电路出现断路或换相不正确。

(2) 安装电机前闭合断路器，装上检测好的熔芯，按下 KM_2 交流接触器测试按钮，万用表打到蜂鸣挡，表笔分别触碰 L_1 和 W、L_2 和 V、L_3 和 U，万用表_____。如阻值无穷大，则主电路出现断路或换相不正确。

(3) 安装电机前闭合断路器，装上检测好的熔芯，分别按下交流接触器 KM_1、KM_2 测试按钮，万用表打到蜂鸣挡，表笔分别触碰 L_1 和 L_2、L_1 和 L_3、L_2 和 L_3，万用表_____。如万用表蜂鸣，则主电路出现短路。

(4) 安装电机前万用表打到 2 kΩ，两表笔触碰 0 和 1 端子，按下按钮 SB_2，万用表显示_____；按下按钮 SB_3，万用表显示_____；同时按下按钮 SB_2 和 SB_3，万用表显示_____；按下 KM_1 交流接触测试按钮，万用表显示_____；按下 KM_2 交流接触测试按钮，万用表显示_____；同时按下 KM_1 和 KM_2 交流接触测试按钮，万用表显示_____。

引导问题 5：查阅故障排除相关资料。

(1) 故障现象：试电过程中，按下按钮 SB_2，电动机正向运行起动，按下按钮 SB_3 时

项目12　电气控制线路的安装与检修

FU_2 熔芯损坏，试分析原因。

_____
_____
_____
_____
_____
_____
_____

（2）故障现象：试电过程中，按下按钮 SB_2 电动机正向正常起动，按下停止按钮 SB_1，电动机停止，按下按钮 SB_3，电动机正向运行，试分析原因。

_____
_____
_____
_____
_____
_____
_____
_____
_____

任务实施：接触器互锁正反转控制电路安装与检修

（1）根据电气控制电路安装规范及要求，制订电气作业过程中，接触器互锁正反转控制电路安装与检修的行动计划（填写下表对应的操作要点及注意事项）。

操作流程		
序号	作业项目	操作要点
1	阅读电气原理图，画出电气接线图	
2	检查所需元器件及核对各个元器件接线点	
3	按照工艺要求进行接线	
4	静态检测及通电试车	
作业注意事项		
审核意见		日期： 签字：

（2）请根据作业计划，完成小组成员任务分工，按要求填写下表。

操作人		监护人	
1. 阅读电气原理图，画出电气接线图			
接线图绘制的详细过程			
2. 检查所需元器件及核对各个元器件接线点			
元器件检查的详细过程			
3. 按照工艺要求进行接线			
接线详细过程			
4. 检查无误后进行静态检测及通电试车			
静态检测详细过程			

（3）请实训指导教师检查本组作业结果，并针对实训过程出现的问题提出改进措施及建议。

序号	评价标准	评价结果
1	接线图是否符合电气设备的实际接线情况	
2	电气设备参数是否符合实际情况，电气元器件是否检测完好	
3	接线、走线是否规范正确，无接点松动、露铜、过长、反圈、压绝缘层等现象	
4	静态检测是否完整无误，试车时是否符合操作规范	
综合评价		
综合评语（改进意见）		

（4）请根据自己在课堂中的实际表现进行自我反思和自我评价。

自我反思	
自我评价	

(5) 实训成绩。

项目	评分标准	分值	得分
接收工作任务	明确工作任务，理解任务在企业工作中的重要程度	5	
收集信息	掌握接触器互锁正反转控制电路原理、安装操作规范及操作要点	10	
制订计划	按照计划流程，制订合适的作业计划	10	
	能协同小组人员安排任务分工	5	
	能在实施前准备好需要的工具器材	5	
实施计划	规范进行场地布置及情景模拟	10	
	规范绘制接线图	10	
	元器件检测及布置完成情况	10	
	安装工作完成情况	10	
	试电工作完成情况	5	
质量检查	完成任务，操作过程规范，精益求精，具有绿色环保意识，具有爱岗敬业、遵守操作规程的良好作风	10	
评价反馈	能对自身表现情况进行客观评价	5	
	在任务实施过程中发现自身问题	5	
得分（满分100分）			

12.8 双重互锁正反转电路的安装与检修

双重互锁
正反转控制

学习情境描述

为克服接触器互锁正反转控制电路和按钮互锁正反转控制电路的不足，在按钮互锁的基础上又增加了接触器互锁，构成了按钮、接触器双重互锁正反转控制线路，也称为防止相间短路的正反转控制电路。该电路兼有两种互锁控制电路的优点，操作方便，工作安全可靠。

学习目标

1. 理解接触器按钮双重互锁的正反转控制电路的工作原理。
2. 学会绘制、识读电气控制电路的电路图、元器件布置图和接线图。
3. 能按照工艺要求安装接触器按钮双重互锁控制线路。
4. 能根据电路原理静态检测电路。

5. 能根据故障现象检修并排除故障点。

 获取信息

双重互锁正反转电路原理图如图 12 – 15 所示。

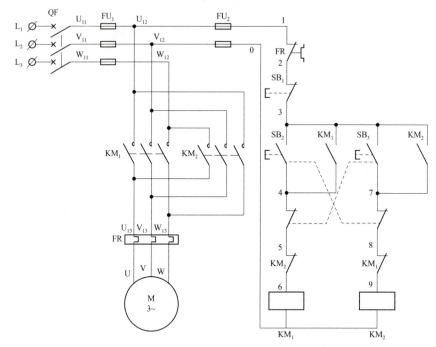

图 12 – 15　双重互锁正反转电路原理图

 小提示

1. 双重互锁

双重互锁的定义：第一重是复合按钮的常闭触头串联在对方的电路中而构成的互锁。第二重是交流接触器常闭触头与对方的线圈相串联而构成的互锁。

2. 按钮互锁、接触器互锁正反转优缺点

1）接触器互锁正反转控制线路

优点：工作安全可靠。

缺点：操作不方便。

2）按钮互锁正反转控制线路

优点：操作方便。

缺点：容易产生电源两相短路故障。

3. 机械互锁与电气互锁的区别

1）实现互锁方式的区别

电气互锁：通过继电器、接触器的触点实现互锁，比如电动机正转时，正转接触器的

触点切断反转按钮和反转接触器的电气回路。

机械互锁：通过机械部件实现互锁，比如两个开关不能同时合上，可以通过机械杠杆，使得一个开关合上时，另一个开关被机械卡住无法合上。

2）实现互锁难易程度的区别

电气互锁灵活简单，比较容易实现，并且互锁的两个装置可在不同位置安装，受环境影响较小。机械互锁实现比较复杂，有时甚至无法实现。通常互锁的两个装置要在近邻位置安装。

3）可靠性的区别

机械互锁的可靠性要高于电气互锁的可靠性。

引导问题 1：掌握电路原理。

正转起动：接入电源闭合断路器 QF，按下按钮 SB_2，SB_2 常开触头_____，常闭触头断开，形成_____，交流接触器 KM_1 线圈_____，KM_1 主触头_____，KM_1 辅助常开触头闭合，形成_____，KM_1 辅助常闭触头断开，形成_____。松开按钮 SB_2，按钮复原，电动机得电连续正向运行。

反转起动：正转运行下按下按钮 SB_3，SB_3 常开触头_____，常闭触头断开，KM_1 线圈失电，形成机械互锁，电动机失电，交流接触器 KM_2 线圈_____，KM_2 主触头_____，KM_2 辅助常开触头闭合，形成_____，KM_2 辅助常闭触头断开，形成_____。松开按钮 SB_3，按钮复原，电动机得电连续反向运行。

停止：电动机正转或反转运行情况下按下按钮 SB_1，SB_1 常闭断开，交流接触器 KM_1 或 KM_2 线圈_____，主触头_____，电动机失电停止。

任务规划

（1）根据电路原理图结合实际绘制出元器件布置图和接线图。

（2）检查元器件外观是否完好，用仪表检查元器件的技术参数是否符合要求。

（3）根据电路元器件布置图安装元器件。

（4）根据接线图按工艺要求布线，导线两端套上与电路图相符的线号管（主电路 KM_1 和 KM_2 主触头涉及换相，请仔细按照接线图接线）。

（5）静态检测。

①按照电路图或接线图从电源端开始，核对接线及接线端子处线号是否正确，有无漏接、错接之处。检查导线接点是否符合要求，压接是否牢固。

②根据电路原理使用万用表检测主电路、控制电路有无短路故障及线路的通断情况。

③用兆欧表检查线路绝缘电阻的阻值，应不小于 1 MΩ。

(6) 安装电动机。

(7) 连接电动机和所有电气元器件金属外壳的保护接地线。

(8) 连接电源导线。

(9) 自检、互检、师检。

(10) 通电试车。

引导问题2：查阅静态检测相关资料。

(1) 安装电机前闭合断路器，装上检测好的熔芯，按下 KM_1 交流接触器测试按钮，万用表打到蜂鸣挡，表笔分别触碰 L_1 和 U、L_2 和 V、L_3 和 W，万用表_____。如阻值无穷大，则主电路出现断路或换相不正确。

(2) 安装电机前闭合断路器，装上检测好的熔芯，按下 KM_2 交流接触器测试按钮，万用表打到蜂鸣挡，表笔分别触碰 L_1 和 W、L_2 和 V、L_3 和 U，万用表_____。如阻值无穷大，则主电路出现断路或换相不正确。

(3) 安装电机前闭合断路器，装上检测好的熔芯，分别按下交流接触器 KM_1、KM_2 测试按钮，万用表打到蜂鸣挡，表笔分别触碰 L_1 和 L_2、L_1 和 L_3、L_2 和 L_3，万用表_____。如万用表蜂鸣，则主电路出现短路。

(4) 安装电机前万用表打到 2 kΩ，两表笔触碰 0 和 1 端子，按下按钮 SB_2，万用表显示_____；按下按钮 SB_3，万用表显示_____；同时按下按钮 SB_2 和 SB_3，万用表显示_____；按下 KM_1 交流接触测试按钮，万用表显示_____；按下 KM_2 交流接触测试按钮，万用表显示_____；同时按下 KM_1 和 KM_2 交流接触测试按钮，万用表显示_____。

引导问题3：查阅故障排除相关资料。

(1) 故障现象：试电过程中，按下按钮 SB_2，电动机正向运行起动，松开按钮 SB_2，电动机停止，试分析原因。

_____
_____
_____
_____

(2) 故障现象：试电过程中，按下按钮 SB_2，电动机正向正常起动，按下按钮 SB_3，电路无任何动作，电动机继续正向运行，试分析原因。

_____
_____
_____
_____
_____

任务实施：双重互锁正反转控制电路安装与检修

(1) 根据电气控制电路安装规范及要求，制订电气作业过程中，双重互锁正反转控制电路安装与检修的行动计划（填写下表对应的操作要点及注意事项）。

操作流程		
序号	作业项目	操作要点
1	阅读电气原理图，画出电气接线图	
2	检查所需元器件及核对各个元器件接线点	
3	按照工艺要求进行接线	
4	静态检测及通电试车	
作业注意事项		
审核意见		日期： 签字：

（2）请根据作业计划，完成小组成员任务分工，按要求填写下表。

操作人		监护人	
1. 阅读电气原理图，画出电气接线图			
接线图绘制的详细过程			
2. 检查所需元器件及核对各个元器件接线点			
元器件检查的详细过程			
3. 按照工艺要求进行接线			
接线详细过程			
4. 检查无误后进行静态检测及通电试车			
静态检测详细过程			

（3）请实训指导教师检查本组作业结果，并针对实训过程出现的问题提出改进措施及建议。

序号	评价标准	评价结果
1	接线图是否符合电气设备的实际接线情况	
2	电气设备参数是否符合实际情况，电气元器件是否检测完好	
3	接线、走线是否规范正确，无接点松动、露铜、过长、反圈、压绝缘层等现象	
4	静态检测是否完整无误，试车时是否符合操作规范	
综合评价		
综合评语（改进意见）		

（4）请根据自己在课堂中的实际表现进行自我反思和自我评价。

自我反思	
自我评价	

（5）实训成绩。

项目	评分标准	分值	得分
接收工作任务	明确工作任务，理解任务在企业工作中的重要程度	5	
收集信息	掌握双重互锁正反转控制电路安装操作规范及操作要点	10	
制订计划	按照计划流程，制订合适的作业计划	10	
	能协同小组人员安排任务分工	5	
	能在实施前准备好需要的工具器材	5	
实施计划	规范进行场地布置及情景模拟	10	
	规范绘制接线图	10	
	元器件检测及布置正确	10	
	安装工作完成情况	10	
	试电工作完成情况	5	
质量检查	完成任务，操作过程规范、精益求精、具有绿色环保意识，具有爱岗敬业、遵守操作规程的良好作风	10	

续表

项目	评分标准	分值	得分
评价反馈	能对自身表现情况进行客观评价	5	
	在任务实施过程中发现自身问题	5	
得分（满分 100 分）			

12.9　两地自动顺起顺停电路的安装与检修

两地自动顺起
顺停电路

学习情境描述

所谓的多地控制，就是在不同地方都可以操控对象的控制方式，复杂的或者远程的可以通过互联网或者一些总线的形式来完成。如果只是简单的现场近距离控制系统，通过几个按钮开关的分开布线，使用继电器就可以满足要求了。

学习目标

1. 掌握多地控制的工作原理。
2. 掌握两地自动顺起顺停电路的工作原理。
3. 学会绘制、识读电气控制电路的电路图以及元器件布置图和接线图。
4. 能按照工艺要求安装两地自动顺起顺停控制线路。
5. 能根据电路原理静态检测电路。
6. 能根据故障现象检修并排除故障点。

获取信息

两地自动顺起顺停电路原理图如图 12 – 16 所示。

引导问题 1：多地控制原理。

要实现两地进行控制，就应有两组按钮，而且这两组按钮通常的接线原则是：常开按钮_____，常闭按钮应_____，这一原则也适用于三地或更多地点的控制。

引导问题 2：查阅时间继电器相关资料。

请写出时间继电器的分类及动作原理，画出时间继电器线圈、触头图形符号。

_____
_____
_____
_____
_____

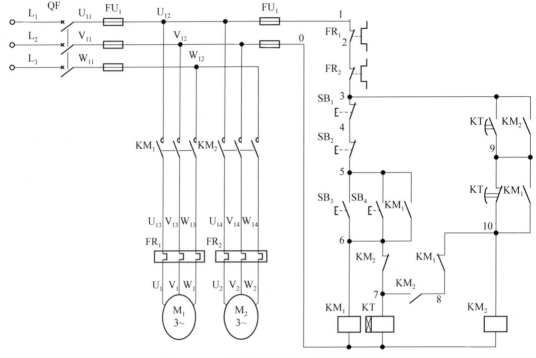

图 12-16 两地自动顺起顺停电路原理图

引导问题 3：掌握电路原理。

电路原理

起动：接入电源闭合断路器 QF，按下按钮 SB_3 或 SB_4，KM_1 线圈得电，KT 线圈得电，KM_1 主触头闭合，电动机 M_1 运行，KM_1 辅助常开触头 5-6 闭合形成自锁，KM_1 辅助常开触头 9-10 闭合，为 KM_2 线圈得电做准备，KM_1 辅助常闭触头 8-10 断开，为起动完成 KT 失电做准备，KT 计时完成，KT 延时断开触头 9-10 断开，KT 延时闭合触头 3-9 闭合，KM_2 线圈得电主触头闭合，电动机 M_2 起动，KM_2 常闭触头 6-7 断开，KT 线圈失电，KT 复位。KM_2 常开辅助触头 7-8 闭合，为停止时 KT 得电做准备，KM_2 辅助常开触头 3-9 闭合形成自锁。

停止：

_____

_____

_____

_____

_____

_____

电路功能：M_1 起动后，延时一段时间 M_2 才能起动。

M_1 停止后，延时一段时间 M_2 才能停止。

任务规划

(1) 根据电路原理图结合实际绘制出元器件布置图和接线图。

(2) 检查元器件外观是否完好,用仪表检查元器件的技术参数是否符合要求。
(3) 根据电路元器件布置图安装元器件。
(4) 根据接线图按工艺要求布线,导线两端套上与电路图相符的线号管。
(5) 静态检测。
① 按照电路图或接线图从电源端开始,核对接线及接线端子处线号是否正确,有无漏接、错接之处。检查导线接点是否符合要求,压接是否牢固。
② 根据电路原理使用万用表检测主电路、控制电路有无短路故障及线路的通断情况。用兆欧表检查线路绝缘电阻的阻值,应不小于 1 MΩ。
(6) 安装电动机。
(7) 连接电动机和所有电气元器件金属外壳的保护接地线。
(8) 连接电源导线。
(9) 自检、互检、师检。
(10) 通电试车。

引导问题 4:查阅静态检测相关资料。

(1) 万用表打到 2 kΩ,两表笔触碰端子排 0 - 1,按下按钮 SB_3 或 SB_4,万用表_____。

(2) 万用表打到 2 kΩ,两表笔触碰端子排 0 - 1,按下 KM_1 测试按钮,万用表_____。

(3) 万用表打到 2 kΩ,两表笔触碰端子排 0 - 1,同时按下 KM_1 和 KM_2 测试按钮,万用表_____。

引导问题 5:查阅故障排除相关资料。

(1) 故障现象:试电过程中,按下按钮 SB_3,电动机 M_1 起动完成,延时时间到电动机 M_2 未起动,试分析原因。

（2）故障现象：试电过程中，停止时按下 SB_1，电动机 M_1、M_2 同时停止运行，试分析原因。

任务实施：两地自动顺起顺停控制电路安装与检修

（1）根据电气控制电路安装规范及要求，制订电气作业过程中，两地自动顺起顺停控制电路安装与检修的行动计划（填写下表对应的操作要点及注意事项）。

操作流程		
序号	作业项目	操作要点
1	阅读电气原理图，画出电气接线图	
2	检查所需元器件及核对各个元器件接线点	
3	按照工艺要求进行接线	
4	静态检测及通电试车	
作业注意事项		
审核意见		日期： 签字：

（2）请根据作业计划，完成小组成员任务分工，按要求填写下表。

操作人		监护人	
1. 阅读电气原理图，画出电气接线图			
接线图绘制的详细过程			
2. 检查所需元器件及核对各个元器件接线点			
元器件检查的详细过程			

续表

3. 按照工艺要求进行接线	
接线详细过程	
4. 检查无误后进行静态检测及通电试车	
静态检测详细过程	

（3）请实训指导教师检查本组作业结果，并针对实训过程出现的问题提出改进措施及建议。

序号	评价标准	评价结果
1	接线图是否符合电气设备的实际接线情况	
2	电气设备参数是否符合实际情况，电气元器件是否检测完好	
3	接线、走线是否规范正确，无接点松动、露铜、过长、反圈、压绝缘层等现象	
4	静态检测是否完整无误，试车时是否符合操作规范	
综合评价		
综合评语（改进意见）		

（4）请根据自己在课堂中的实际表现进行自我反思和自我评价。

自我反思	
自我评价	

（5）实训成绩。

项目	评分标准	分值	得分
接收工作任务	明确工作任务，理解任务在企业工作中的重要程度	5	
收集信息	掌握两地自动顺起顺停控制电路原理、安装操作规范及操作要点	10	

续表

项目	评分标准	分值	得分
制订计划	按照计划流程，制订合适的作业计划	10	
	能协同小组人员安排任务分工	5	
	能在实施前准备好需要的工具器材	5	
实施计划	规范进行场地布置及情景模拟	10	
	规范绘制接线图	10	
	元器件检测及布置完成情况	10	
	安装工作完成情况	10	
	试电工作完成情况	5	
质量检查	完成任务，操作过程规范，精益求精，具有绿色环保意识，具有爱岗敬业、遵守操作规程的良好作风	10	
评价反馈	能对自身表现情况进行客观评价	5	
	在任务实施过程中发现自身问题	5	
得分（满分100分）			

12.10　两地自动顺起逆停电路的安装与检修

学习情境描述

通常要实现两地进行控制，就应有两组按钮，而且这两组按钮通常的接线原则是：常开按钮并联，常闭按钮应串联，这一原则也适用于三地或更多地点的控制。但对于一些特殊的控制方法，多地控制中停止按钮也采用常开按钮并联的方式。

学习目标

1. 掌握两地自动顺起逆停电路的工作原理。
2. 学会绘制、识读电气控制电路的电路图、元器件布置图和接线图。
3. 能按照工艺要求安装两地自动顺起逆停控制线路。
4. 能根据电路原理静态检测电路。
5. 能根据故障现象检修并排除故障点。

获取信息

两地自动顺起逆停电路原理图如图12-17所示。

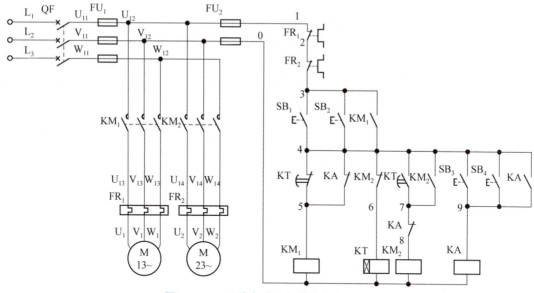

图 12－17　两地自动顺起逆停电路原理图

引导问题1：掌握电路原理。

起动：接入电源闭合断路器 QF，按下起动按钮_____或_____。KM_1、KT 得电，电动机 M_1 运行，KM_1 辅助常开触头 3－4 闭合形成自锁。KT 延时时间到，延时断开触头 4－5 断开，延时闭合触头 4－7 闭合，KM_2 得电，电动机 M_2 得电运行。KM_2 常开触头 4－7 闭合形成自锁，KM_2 常闭触头 4－6 断开，KT 失电复位，起动完成。

停止：按下停止按钮_____或_____。KA 得电，KA 常闭触头 4－5 断开，为 KM_1 失电做准备。KA 常开触头 4－9 闭合形成自锁，KA 常闭触头 7－8 断开，KM_2 失电触头复位，电动机 M_2 停止。KT 再次得电计时，时间到，KT 延时断开触头 4－5 断开，KM_1 失电触头复位，电动机 M_1 停止。KA 失电触头复位，KT 失电触头复位，停止完成。

电路功能：M_1 起动后，延时一段时间 M_2 才能起动。
　　　　　　M_2 停止后，延时一段时间 M_1 才能停止。

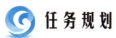任务规划

（1）根据电路原理图结合实际绘制出元器件布置图和接线图。

(2) 检查元器件外观是否完好，用仪表检查元器件的技术参数是否符合要求。

(3) 根据电路元器件布置图安装元器件。

(4) 根据接线图按工艺要求布线，导线两端套上与电路图相符的线号管。

(5) 静态检测。

①按照电路图或接线图从电源端开始，核对接线及接线端子处线号是否正确，有无漏接、错接之处。检查导线接点是否符合要求，压接是否牢固。

②根据电路原理使用万用表检测主电路、控制电路有无短路故障及线路的通断情况。

③用兆欧表检查线路绝缘电阻的阻值，应不小于 1 MΩ。

(6) 安装电动机，连接电动机和所有电气元器件金属外壳的保护接地线。

(7) 连接电源导线。

(8) 自检、互检、师检。

(9) 通电试车。

引导问题 2：查阅静态检测相关资料。

(1) 万用表打到 2 kΩ，两表笔触碰端子排 1 - 0，按下按钮 SB_1 或 SB_2，万用表_____。

(2) 万用表打到 2 kΩ，两表笔触碰端子排 1 - 0，按下 KM_1 测试按钮，万用表_____。

(3) 万用表打到 2 kΩ，两表笔触碰端子排 1 - 0，按下按钮 SB_1 或 SB_2，同时按下 SB_3 或 SB_4，万用表_____。

(4) 万用表打到 2 kΩ，两表笔触碰端子排 1 - 0，按下 KM_1 测试按钮，同时按下 KM_2 测试按钮，万用表_____。

引导问题 3：查阅故障排除相关资料。

(1) 故障现象：试电过程中，按下起动按钮 SB_1，电动机 M_1 正常起动，延时时间到，M_2 不起动，试分析原因。

_____
_____
_____
_____
_____

(2) 故障现象：试电过程中，停止时按下按钮 SB_3，KA 正常得电，之后电路无任何动作，试分析原因。

_____
_____
_____
_____
_____

（3）故障现象：试电过程中，停止时按下按钮 SB_3，两电动机同时停止，试分析原因。

_____
_____
_____
_____
_____

任务实施：两地自动顺起逆停控制电路安装与检修

（1）根据电气控制电路安装规范及要求，制订电气作业过程中，两地自动顺起逆停控制电路安装与检修的行动计划（填写下表对应的操作要点及注意事项）。

操作流程		
序号	作业项目	操作要点
1	阅读电气原理图，画出电气接线图	
2	检查所需元器件及核对各个元器件接线点	
3	按照工艺要求进行接线	
4	静态检测及通电试车	
作业注意事项		
审核意见		日期： 签字：

（2）请根据作业计划，完成小组成员任务分工，按要求填写下表。

操作人		监护人	
1. 阅读电气原理图，画出电气接线图			
接线图绘制的详细过程			
2. 检查所需元器件及核对各个元器件接线点			
元器件检查的详细过程			

续表

3. 按照工艺要求进行接线	
接线详细过程	
4. 检查无误后进行静态检测及通电试车	
静态检测详细过程	

（3）请实训指导教师检查本组作业结果，并针对实训过程出现的问题提出改进措施及建议。

序号	评价标准	评价结果
1	接线图是否符合电气设备的实际接线情况	
2	电气设备参数是否符合实际情况，电气元器件是否检测完好	
3	接线、走线是否规范正确，无接点松动、露铜、过长、反圈、压绝缘层等现象	
4	静态检测是否完整无误，试车时是否符合操作规范	
综合评价		
综合评语（改进意见）		

（4）请根据自己在课堂中的实际表现进行自我反思和自我评价。

自我反思	
自我评价	

（5）实训成绩。

项目	评分标准	分值	得分
接收工作任务	明确工作任务，理解任务在企业工作中的重要程度	5	
收集信息	掌握两地自动顺起逆停控制电路原理、安装操作规范及操作要点	10	

续表

项目	评分标准	分值	得分
制订计划	按照计划流程，制订合适的作业计划	10	
	能协同小组人员安排任务分工	5	
	能在实施前准备好需要的工具器材	5	
实施计划	规范进行场地布置及情景模拟	10	
	规范绘制接线图	10	
	元器件检测及布置完成情况	10	
	安装工作完成情况	10	
	试电工作完成情况	5	
质量检查	完成任务，操作过程规范，精益求精，具有绿色环保意识，具有爱岗敬业、遵守操作规程的良好作风	10	
评价反馈	能对自身表现情况进行客观评价	5	
	在任务实施过程中发现自身问题	5	
得分（满分100分）			

12.11　星三角降压起动电路的安装与检修

星三角降压起动控制

学习情境描述

星三角（Y-△）起动是异步电动机的一种起动方式，因为异步电动机在起动过程中起动电流较大，所以容量大的电动机可以采用"星三角起动"。这是一种简单的降压起动方式，在起动时将定子绕组接成星形，待起动完毕后再接成三角形，就可以降低起动电流，减轻它对电网的冲击。这样的起动方式称为星三角减压起动，简称为星三角起动。

学习目标

1. 掌握星三角降压起动降压的工作原理。
2. 掌握星三角降压起动电路的工作原理。
3. 学会绘制、识读电气控制电路的电路图以及元器件布置图和接线图。
4. 能按照工艺要求安装星三角降压起动控制线路。
5. 能根据电路原理静态检测电路。
6. 能根据故障现象检修并排除故障点。

获取信息

星三角降压起动电路原理图如图12-18所示。

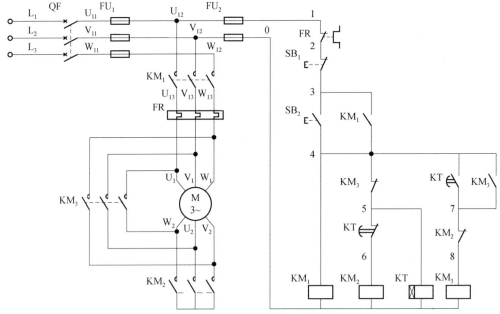

图 12 – 18　星三角降压起动电路原理图

小提示

1. 星三角降压原理

星三角起动属降压起动，它是以牺牲功率为代价换取降低起动电流来实现的，所以不能一概而论，以电动机功率的大小来确定是否需采用星三角起动，还要看是什么样的负载。一般在起动时负载轻、运行时负载重的情况下可采用星三角起动，为了使电动机起动电流不对电网电压形成过大的冲击，可以采用星三角起动。一般要求在鼠笼型电动机的功率超过变压器额定功率的 10% 时就要采用星三角起动。采用星三角起动时，起动电流只是原来按三角形接法直接起动时的 1/3。如果直接起动时的起动电流以 $(6\sim7)I_e$ 计，则在星三角起动时，起动电流才 2~2.3 倍。同时起动电压也只是原来三角形接法直接起动时的 $1/\sqrt{3}$。当负载对电动机起动力矩无严格要求或轻载起动又要限制电动机起动电流且电动机满足星三角接线条件才能采用星三角起动方法。

2. 电动机接线图

三相电动机三角形、星形接线图如图 12 – 19 所示。

接线要点如下：

（1）KT 延时触头的辨别（对比原理图用万用表测量确认）。

（2）KM_1、KM_2、KM_3 主触头的接线：注意要分清进线端和出线端。如接触器 KM_2 的进线必须从三相定子绕组的末端引入，若误将其从首端引入，则在 KM_1 吸合时，会产生三相电源短路事故。

（3）电动机的接线端与接线排上出线端的连接：接线时要保证电动机三角形接法的正确性，即接触器 KM_3 主触头闭合时，应保证定子绕组的 U_1 与 W_2、V_1 与 U_2、W_1 与 V_2 相连接。

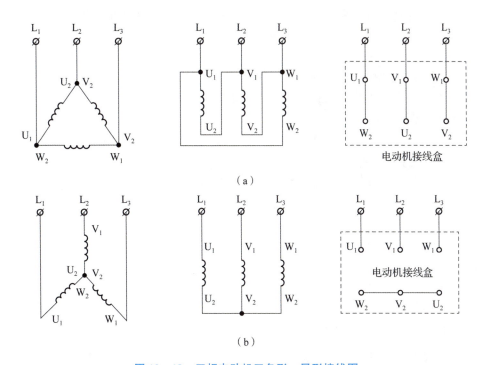

图 12-19 三相电动机三角形、星形接线图
(a) 三相电动机三角形接线图；(b) 三相电动机星形接线图

引导问题 1：掌握电路原理。

起动：接入电源闭合断路器 QF，按下起动按钮 SB_2，_____、_____、_____线圈得电。KM_1 常开触头 3-4 闭合，形成自锁。KM_2 常闭触头 7-8 断开，形成_____。KT 开始计时，KM_1 和 KM_2 主触头闭合，电动机定子绕组为_____运行，电动机降压运行。KT 计时完成，KT 延时断开触头 5-6 断开，KM_2 线圈失电，KM_2 相关触头复原。KT 延时闭合触头 4-7 闭合，KM_3 线圈得电，KM_3 常开触头 4-7 闭合，形成自锁，KM_3 常闭触头 4-5 断开_____，主电路 KM_2 主触头断开，KM_3 主触头闭合，电动机定子绕组为_____运行，电动机全压运行。

停止：按下按钮 SB_1，线圈失电，电动机停止运行。

任务规划

（1）根据电路原理图结合实际绘制出元器件布置图和接线图。

（2）检查元器件外观是否完好，用仪表检查元器件的技术参数是否符合要求。

（3）根据电路元器件布置图安装元器件。
（4）根据接线图按工艺要求布线，导线两端套上与电路图相符的线号管。
（5）静态检测。
①按照电路图或接线图从电源端开始，核对接线及接线端子处线号是否正确，有无漏接、错接之处。检查导线接点是否符合要求，压接是否牢固。
②根据电路原理使用万用表检测主电路、控制电路有无短路故障及线路的通断情况。
③用兆欧表检查线路绝缘电阻的阻值，应不小于 1 MΩ。
（6）安装电动机。
（7）连接电动机和所有电气元器件金属外壳的保护接地线。
（8）连接电源导线。
（9）自检、互检、师检。
（10）通电试车。

引导问题 2：查阅静态检测相关资料。

（1）万用表打到蜂鸣挡，两表笔触碰端子排 $U_1 - W_2$，按下 KM_3 测试按钮，万用表_____。

（2）万用表打到蜂鸣挡，两表笔触碰端子排 $V_1 - U_2$，按下 KM_3 测试按钮，万用表_____。

（3）万用表打到蜂鸣挡，两表笔触碰端子排 $W_1 - V_2$，按下 KM_3 测试按钮，万用表_____。

（4）万用表打到 2 kΩ，两表笔触碰端子排 1 - 0，按下 KM_1 测试按钮，万用表_____。

（5）万用表打到 2 kΩ，两表笔触碰端子排 1 - 0，按下按钮 SB_1，万用表 _____。

引导问题 3：查阅故障排除相关资料。

（1）故障现象：试电过程中，按下起动按钮 SB_2，电动机正常起动，延时时间到，电动机缺相运行，试分析原因。

_____
_____
_____

（2）故障现象：试电过程中，按下起动按钮 SB_2，电动机正常起动做降压起动，延时时间到，电动机没有全压运行，试分析原因。

_____
_____
_____

任务实施：星三角降压起动控制电路安装与检修

（1）根据电气控制电路安装规范及要求，制订电气作业过程中，星三角降压起动控制电路安装与检修的行动计划（填写下表对应的操作要点及注意事项）。

操作流程		
序号	作业项目	操作要点
1	阅读电气原理图，画出电气接线图	
2	检查所需元器件及核对各个元器件接线点	
3	按照工艺要求进行接线	
4	静态检测及通电试车	
作业注意事项		
审核意见		日期： 签字：

（2）请根据作业计划，完成小组成员任务分工，按要求填写下表。

操作人		监护人	
1. 阅读电气原理图，画出电气接线图			
接线图绘制的详细过程			
2. 检查所需元器件及核对各个元器件接线点			
元器件检查的详细过程			
3. 按照工艺要求进行接线			
接线详细过程			
4. 检查无误后进行静态检测及通电试车			
静态检测详细过程			

（3）请实训指导教师检查本组作业结果，并针对实训过程出现的问题提出改进措施及建议。

序号	评价标准	评价结果
1	接线图是否符合电气设备的实际接线情况	
2	电气设备参数是否符合实际情况，电气元器件是否检测完好	
3	接线、走线是否规范正确，无接点松动、露铜、过长、反圈、压绝缘层等现象	
4	静态检测是否完整无误，试车时是否符合操作规范	
综合评价		
综合评语（改进意见）		

（4）请根据自己在课堂中的实际表现进行自我反思和自我评价。

自我反思	
自我评价	

（5）实训成绩。

项目	评分标准	分值	得分
接收工作任务	明确工作任务，理解任务在企业工作中的重要程度	5	
收集信息	掌握星三角降压起动控制电路原理、安装操作规范及操作要点	10	
制订计划	按照计划流程，制订合适的作业计划	10	
	能协同小组人员安排任务分工	5	
	能在实施前准备好需要的工具器材	5	
实施计划	规范进行场地布置及情景模拟	10	
	规范绘制接线图	10	
	元器件检测及布置完成情况	10	
	安装工作完成情况	10	
	试电工作完成情况	5	
质量检查	完成任务，操作过程规范，精益求精，具有绿色环保意识，具有爱岗敬业、遵守操作规程的良好作风	10	
评价反馈	能对自身表现情况进行客观评价	5	
	在任务实施过程中发现自身问题	5	
得分（满分100分）			

12.12 双速电动机控制电路的安装与检修

学习情境描述

如今,建筑的通风和火灾消防问题越来越重要。在很多建筑物中,由于受地下空间的限制,在满足风量及风压等参数的条件下,通风和排烟系统的风道和风机大多可以合用,这就为双速风机的应用创造了条件,平时,作为通风机使用,风机以低速运行;一旦发生火灾,立刻切换到高速,作为消防排烟风机使用。这样一机两用,首先可以简化设备,节省投资,更重要的是大大提高了设备的使用效率和可靠性。

学习目标

1. 掌握双速电动机的工作原理。
2. 学会绘制、识读电气控制电路的电路图以及元器件布置图和接线图。
3. 能按照工艺要求安装双速电动机控制线路。
4. 能根据电路原理静态检测电路。
5. 能根据故障现象检修并排除故障点。

获取信息

双速电动机控制电路原理图如图12-20所示。

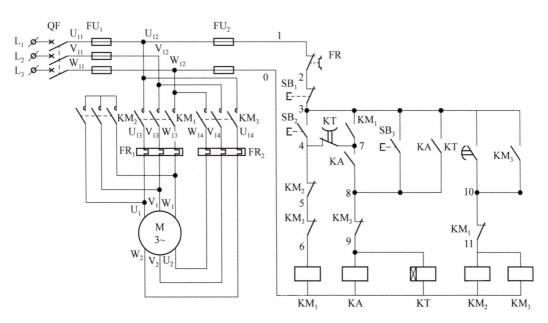

图 12-20 双速电动机控制电路原理图

引导问题 1：查阅异步电动机相关资料。异步电动机的转速公式_____。

异步电动机有三种基本调速方法：改变_____、改变_____、改变_____。改变电动机的磁极对数，通常由改变电动机定子绕组接线方式来实现，且只适用于笼型异步电动机。凡磁极对数可改变的电动机称为多速电动机，常见的多速电动机有双速、三速、四速等几种类型。

 小提示

1. 双速电动机定子绕组接线图（见图 12-21）

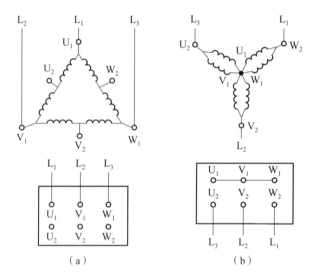

图 12-21 双速电动机定子绕组接线图
(a) 三角形连接；(b) 星形连接

图 12-21（a）是定子绕组采用三角形连接，此时电动机磁极为 4 极，同步转速为 1 500 r/min，电动机低速运转。

图 12-22（b）是定子绕组采用星形连接，此时电动机磁极为 2 极，同步转速为 3 000 r/min，电动机高速运转。

2. 接线要点

接线时，主电路中接触器 KM_1、KM_3 在两种转速下电源相序的改变，不能接错，否则，两种转速下电动机的转向相反，换向时将产生很大的冲击电流。控制双速电动机三角形接法的接触器 KM_1 和星形接法的 KM_2 的主触头不能互换接线，否则不但无法实现双速控制要求，而且会在星形运转时造成电源短路事故。

引导问题 2：掌握电路原理。

起动：

(1) 接入电源闭合断路器 QF，按下按钮 SB_2，KM_1 圈得电。主触头闭合，电动机做_____运行，按下按钮 SB_3、KA、KT 得电，KT 计时时间到，延时断开触头断开，KM_1 失电，触头复原，延时闭合触头闭合，KM_2、KM_3 线圈得电触头动作，电动机做_____运行。

(2) 接入电源闭合断路器 QF，按下按钮 SB_3，KA、KT 得电，KA 触头动作，使 KM_1 线圈得电，电动机做_____运行，KT 计时时间到，延时断开触头断开，KM_1 失电，触头复原，延时闭合触头闭合，KM_2、KM_3 线圈得电触头动作，电动机做_____运行。

停止：按下 SB_1 线圈失电，电动机停止运行。

任务规划

(1) 根据电路原理图结合实际绘制出元器件布置图和接线图。

(2) 检查元器件外观是否完好，用仪表检查元器件的技术参数是否符合要求。
(3) 根据电路元器件布置图安装元器件。
(4) 根据接线图按工艺要求布线，导线两端套上与电路图相符的线号管。
(5) 静态检测。
① 按照电路图或接线图从电源端开始，核对接线及接线端子处线号是否正确，有无漏接、错接之处。检查导线接点是否符合要求，压接是否牢固。
② 根据电路原理使用万用表检测主电路、控制电路有无短路故障及线路的通断情况。
③ 用兆欧表检查线路绝缘电阻的阻值，应不小于 1 MΩ。
(6) 安装电动机。
(7) 连接电动机和所有电气元器件金属外壳的保护接地线。
(8) 连接电源导线。
(9) 自检、互检、师检。
(10) 通电试车。

引导问题 3：查阅静态检测相关资料。

(1) 安装电机前闭合断路器，装上检测好的熔芯，按下 KM_1 测试按钮，万用表打到蜂鸣挡，表笔分别触碰 L_1 和 U_1、L_2 和 V_1、L_3 和 W_1，万用表_____。
(2) 安装电机前闭合断路器，装上检测好的熔芯，按下 KM_3 测试按钮，万用表打到蜂鸣挡，表笔分别触碰 L_1 和 W_2、L_2 和 V_2、L_3 和 U_2，万用表_____。
(3) 安装电机前闭合断路器，装上检测好的熔芯，按下 KM_2 测试按钮，万用表打到蜂鸣挡，表笔分别触碰 U_1 和 W_1、U_1 和 V_1、V_1 和 W_1，万用表_____。
(4) 万用表打到 2 kΩ，两表笔触碰端子排 1-0，按下按钮 SB_2，万用表_____。
(5) 万用表打到 2 kΩ，两表笔触碰端子排 1-0，按下 KM_1 测试按钮，万用表_____。

(6) 万用表打到 2 kΩ，两表笔触碰端子排 1 - 0，按下按钮 SB_3，万用表_____。

(7) 万用表打到 2 kΩ，两表笔触碰端子排 1 - 0，按下 KM_2 测试按钮，万用表_____。

引导问题 4：查阅故障排除相关资料。

(1) 故障现象：试电过程中，按下起动按钮 SB_3，电动机正常起动，时间继电器预定时间到达，KM_2、KM_3 不吸合，试分析原因。

_____
_____
_____
_____
_____

(2) 故障现象：试电过程中，按下起动按钮 SB_2，电动机正常起动，延时时间到，电路短路，试分析原因。

_____
_____
_____
_____
_____

任务实施：双速电动机控制电路安装与检修

(1) 根据电气控制电路安装规范及要求，制订电气作业过程中，双速电动机控制电路安装与检修的行动计划（填写下表对应的操作要点及注意事项）。

操作流程			
序号	作业项目	操作要点	
1	阅读电气原理图，画出电气接线图		
2	检查所需元器件及核对各个元器件接线点		
3	按照工艺要求进行接线		
4	静态检测及通电试车		
作业注意事项			
审核意见		日期：	
		签字：	

项目 12　电气控制线路的安装与检修

（2）请根据作业计划，完成小组成员任务分工，按要求填写下表。

操作人		监护人	
1. 阅读电气原理图，画出电气接线图			
接线图绘制的详细过程			
2. 检查所需元器件及核对各个元器件接线点			
元器件检查的详细过程			
3. 按照工艺要求进行接线			
接线详细过程			
4. 检查无误后进行静态检测及通电试车			
静态检测详细过程			

（3）请实训指导教师检查本组作业结果，并针对实训过程出现的问题提出改进措施及建议。

序号	评价标准	评价结果
1	接线图是否符合电气设备的实际接线情况	
2	电气设备参数是否符合实际情况，电气元器件是否检测完好	
3	接线、走线是否规范正确，无接点松动、露铜、过长、反圈、压绝缘层等现象	
4	静态检测是否完整无误，试车时是否符合操作规范	
综合评价		
综合评语（改进意见）		

（4）请根据自己在课堂中的实际表现进行自我反思和自我评价。

自我反思	
自我评价	

（5）实训成绩。

项目	评分标准	分值	得分
接收工作任务	明确工作任务，理解任务在企业工作中的重要程度	5	
收集信息	掌握双速电动机控制电路原理、安装操作规范及操作要点	10	
制订计划	按照计划流程，制订合适的作业计划	10	
	能协同小组人员安排任务分工	5	
	能在实施前准备好需要的工具器材	5	
实施计划	规范进行场地布置及情景模拟	10	
	规范绘制接线图	10	
	元器件检测及布置完成情况	10	
	安装工作完成情况	10	
	试电工作完成情况	5	
质量检查	完成任务，操作过程规范，精益求精，具有绿色环保意识，具有爱岗敬业、遵守操作规程的良好作风	10	
评价反馈	能对自身表现情况进行客观评价	5	
	在任务实施过程中发现自身问题	5	
得分（满分100分）			

12.13　星三角单管能耗制动控制电路的安装与检修

学习情境描述

电动机断电后，由于惯性作用，自由停车时间较长。而某些生产工艺、过程则要求电动机在某一个时间段内能迅速而准确地停车。这时，就要对电动机进行相应的制动控制，使之迅速停车。下面我们先来了解能耗制动控制电路。

学习目标

1. 掌握能耗制动电路的工作原理。
2. 学会绘制、识读电气控制电路的电路图以及元器件布置图和接线图。
3. 能按照工艺要求安装星三角单管能耗制动控制线路。
4. 能根据电路原理静态检测电路。
5. 能根据故障现象检修并排除故障点。

星三角单管
能耗制动

获取信息

星三角单管能耗制动控制电路原理图如图 12-22 所示。

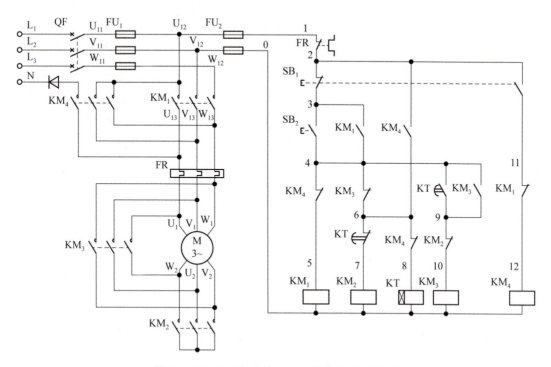

图 12-22 星三角单管能耗制动控制电路原理图

引导问题 1：查阅能耗制动相关资料。

制动的方式主要有 _____ 制动和 _____
_____ 制动两种。其中 _____ 制动又可
分为 _____ 和 _____ 。

 小提示

1. 能耗制动原理

能耗制动就是在运行中的三相异步电动机停车时，在切除三相交流电源的同时，将一直流电源接入电动机定子绕组中的任意两个绕组中，以获得大小和方向都不变化的恒定磁场，从而产生一个与电动机原来的转矩方向相反的电磁转矩以实现制动。当电动机转速下降到零速时，再切除直流电源。能耗制动平稳、准确，所消耗的能量小，其制动电流也比较小。能耗制动时制动转矩的大小与通入定子绕组的直流电流大小有关。通入的直流电流越大，静止磁场越强，产生的制动转矩就越大。制动时所需直流电流的大小，通常控制在电动机空载电流的 3~5 倍。

2. 能耗制动适用场合

要求平稳制动，停车准确（如铣床、龙门刨床及组合机床的主轴）。

引导问题 2:掌握电路原理。

起动:
___
___
___
___

停止:按下按钮 SB_1,SB_1 常闭触头断开,常开触头闭合,原来得电的线圈都失电,接触器触头复位,KM_4 线圈得电,触头动作,使 KM_2 线圈再次得电,电动机做星形能耗制动,松开按钮 SB_1,按钮复位线圈失电,触头复位,电动机能耗制动完成。

任务规划

(1)根据电路原理图结合实际绘制出元器件布置图和接线图。

(2)检查元器件外观是否完好,用仪表检查元器件的技术参数是否符合要求。
(3)根据电路元器件布置图安装元器件。
(4)根据接线图按工艺要求布线,导线两端套上与电路图相符的线号管。
(5)静态检测。
①按照电路图或接线图从电源端开始,核对接线及接线端子处线号是否正确,有无漏接、错接之处。检查导线接点是否符合要求,压接是否牢固。
②根据电路原理使用万用表检测主电路、控制电路有无短路故障及线路的通断情况。
③用兆欧表检查线路绝缘电阻的阻值,应不小于 1 MΩ。
(6)安装电动机。
(7)连接电动机和所有电气元件金属外壳的保护接地线。
(8)连接电源导线。
(9)自检、互检、师检。
(10)通电试车。

引导问题 3:查阅静态检测相关资料。
写出静态检测的具体步骤。
___
___
___
___
___

引导问题4：查阅故障排除相关资料。

（1）故障现象：试电过程中，按下停止按钮 SB_1，电动机无制动效果，试分析原因。

_____

_____

_____

_____

（2）故障现象：试电过程中，按下停止按钮 SB_1，电路短路，试分析原因。

_____

_____

_____

_____

任务实施：星三角单管能耗制动控制电路安装与检修

（1）根据电气控制电路安装规范及要求，制订电气作业过程中，星三角单管能耗制动控制电路安装与检修的行动计划（填写下表对应的操作要点及注意事项）。

操作流程		
序号	作业项目	操作要点
1	阅读电气原理图，画出电气接线图	
2	检查所需元器件及核对各个元器件接线点	
3	按照工艺要求进行接线	
4	静态检测及通电试车	
作业注意事项		
审核意见		日期： 签字：

（2）请根据作业计划，完成小组成员任务分工，按要求填写下表。

操作人		监护人	
1. 阅读电气原理图，画出电气接线图			
接线图绘制的详细过程			

续表

2. 检查所需元器件及核对各个元器件接线点	
元器件检查的详细过程	
3. 按照工艺要求进行接线	
接线详细过程	
4. 检查无误后进行静态检测及通电试车	
静态检测详细过程	

（3）请实训指导教师检查本组作业结果，并针对实训过程出现的问题提出改进措施及建议。

序号	评价标准	评价结果
1	接线图是否符合电气设备的实际接线情况	
2	电气设备参数是否符合实际情况，电气元件是否检测完好	
3	接线、走线是否规范正确，无接点松动、露铜、过长、反圈、压绝缘层等现象	
4	静态检测是否完整无误，试车时是否符合操作规范	
综合评价		
综合评语（改进意见）		

（4）请根据自己在课堂中的实际表现进行自我反思和自我评价。

自我反思	
自我评价	

（5）实训成绩。

项目	评分标准	分值	得分
接收工作任务	明确工作任务，理解任务在企业工作中的重要程度	5	
收集信息	掌握星三角单管能耗制动控制电路原理、安装操作规范及操作要点	10	

项目 12　电气控制线路的安装与检修

续表

项目	评分标准	分值	得分
制订计划	按照计划流程，制订合适的作业计划	10	
	能协同小组人员安排任务分工	5	
	能在实施前准备好所需要的工具器材	5	
实施计划	规范进行场地布置及情景模拟	10	
	规范绘制接线图	10	
	元器件检测及布置完成情况	10	
	安装工作完成情况	10	
	试电工作完成情况	5	
质量检查	完成任务，操作过程规范，精益求精，具有绿色环保意识，具有爱岗敬业、遵守操作规程的良好作风	10	
评价反馈	能对自身表现情况进行客观评价	5	
	在任务实施过程中发现自身问题	5	
得分（满分100分）			

12.14　星三角反接制动控制电路的安装与检修

 学习情境描述

制动停车的方式主要有机械制动和电气制动两种。机械制动是采用机械抱闸制动；电气制动是产生一个与原来转动方向相反的制动力矩。笼型异步电动机与直流电动机和绕线型异步电动机一样，在电器制动方式的使用过程中可采用能耗制动和反接制动两种方法。下面介绍反接制动。

学习目标

1. 掌握反接制动电路的工作原理。
2. 学会绘制、识读电气控制电路的电路图以及元器件布置图和接线图。
3. 能按照工艺要求安装星三角反接制动控制线路。
4. 能根据电路原理静态检测电路。
5. 能根据故障现象检修并排除故障点。

获取信息

星三角反接制动

星三角反接制动控制电路原理图如图 12-23 所示。

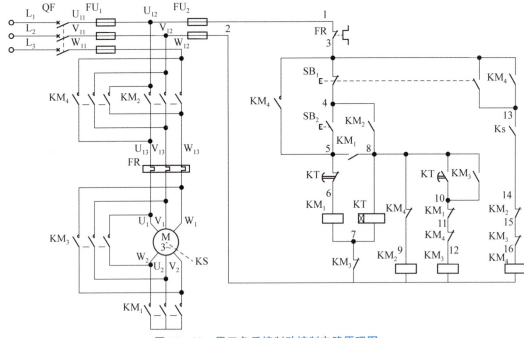

图 12-23 星三角反接制动控制电路原理图

 小提示

1. 速度继电器

速度继电器主要用于三相异步电动机反接制动的控制电路中，它的任务是当三相电源的相序改变以后，产生与实际转子转动方向相反的旋转磁场，从而产生制动力矩，使电动机在制动状态下迅速降低速度，在电动机转速接近零时立即发出信号，切断电源使之停车。

2. 反接制动原理

通过反接相序，使电动机产生起阻滞作用的反转矩以便制动电动机，使电动机欲反转而制动，因此当电动机的转速接近零时，应立即切断反接制动电源，否则电动机会反转。

3. 反接制动适用场合

反接制动具有制动速度快、方法简单、制动成本投资低等特点，但冲击大，难以准确控制，稍有误差，便造成电动机反转，这在很多场合是不允许发生的，所以仅适用于制动要求不高的场所。

引导问题1：掌握电路原理。

起动：

_____

_____

_____

_____

_____

停止：按下按钮 SB_1，SB_1 常闭触头断开，常开触头闭合，原来得电的线圈都失电，接触器触头复位，KM_4 线圈得电，触头动作，使 KM_1 线圈再次得电，电动机做星形反接制动，电动机转速下降，速度继电器常开触头 13-14 断开，电动机反接制动完成。

任务规划

（1）根据电路原理图结合实际绘制出元器件布置图和接线图。

（2）检查元器件外观是否完好，用仪表检查元器件的技术参数是否符合要求。
（3）根据电路元器件布置图安装元器件。
（4）根据接线图按工艺要求布线，导线两端套上与电路图相符的线号管。
（5）静态检测。
①按照电路图或接线图从电源端开始，核对接线及接线端子处线号是否正确，有无漏接、错接之处。检查导线接点是否符合要求，压接是否牢固。
②根据电路原理使用万用表检测主电路、控制电路有无短路故障及线路的通断情况。
③用兆欧表检查线路绝缘电阻的阻值，应不小于 1 MΩ。
（6）安装电动机。
（7）连接电动机和所有电气元器件金属外壳的保护接地线。
（8）连接电源导线。
（9）自检、互检、师检。
（10）通电试车。

引导问题2：查阅静态检测相关资料。
写出静态检测的具体步骤。

引导问题 3：查阅故障排除相关资料。

(1) 故障现象：试电过程中，按下停止按钮 SB_1，电动机无制动效果，缓慢停车，试分析原因。

_____
_____
_____
_____
_____

(2) 故障现象：试电过程中，按下停止按钮 SB_1，电动机继续运行，试分析原因。

_____
_____
_____
_____
_____

任务实施：星三角反接制动控制电路安装与检修

(1) 根据电气控制电路安装规范及要求，制订电气作业过程中，星三角反接制动控制电路安装与检修的行动计划（填写下表对应的操作要点及注意事项）。

操作流程		
序号	作业项目	操作要点
1	阅读电气原理图，画出电气接线图	
2	检查所需元器件及核对各个元器件接线点	
3	按照工艺要求进行接线	
4	静态检测及通电试车	
作业注意事项		
审核意见		日期： 签字：

(2) 请根据作业计划，完成小组成员任务分工，按要求填写下表。

操作人		监护人	
1. 阅读电气原理图，画出电气接线图			
接线图绘制的详细过程			

续表

2. 检查所需元器件及核对各个元器件接线点	
元器件检查的详细过程	
3. 按照工艺要求进行接线	
接线详细过程	
4. 检查无误后进行静态检测及通电试车	
静态检测详细过程	

（3）请实训指导教师检查本组作业结果，并针对实训过程出现的问题提出改进措施及建议。

序号	评价标准	评价结果
1	接线图是否符合电气设备的实际接线情况	
2	电气设备参数是否符合实际情况，电气元器件是否检测完好	
3	接线、走线是否规范正确，无接点松动、露铜、过长、反圈、压绝缘层等现象	
4	静态检测是否完整无误，试车时是否符合操作规范	
综合评价		
综合评语（改进意见）		

（4）请根据自己在课堂中的实际表现进行自我反思和自我评价。

自我反思	
自我评价	

(5) 实训成绩。

项目	评分标准	分值	得分
接收工作任务	明确工作任务，理解任务在企业工作中的重要程度	5	
收集信息	掌握星三角反接制动控制电路原理、安装操作规范及操作要点	10	
制订计划	按照计划流程，制订合适的作业计划	10	
	能协同小组人员安排任务分工	5	
	能在实施前准备好需要的工具器材	5	
实施计划	规范进行场地布置及情景模拟	10	
	规范绘制接线图	10	
	元器件检测及布置完成情况	10	
	安装工作完成情况	10	
	试电工作完成情况	5	
质量检查	完成任务，操作过程规范，精益求精，具有绿色环保意识，具有爱岗敬业、遵守操作规程的良好作风	10	
评价反馈	能对自身表现情况进行客观评价	5	
	在任务实施过程中发现自身问题	5	
得分（满分 100 分）			

12.15　企　业　案　例

检修电焊机造成触电事故

1. 事故经过

2003 年 6 月 17 日，某厂检修班职工徐某带领李某检修 380 V 直流焊机。电焊机修后的通电试验表现良好。之后断开电焊机开关。徐某安排工作组成员李某拆除电焊机二次线，自己拆除电焊机一次线。约 16 时 32 分，徐某蹲着身子拆除电焊机电源线中间接头，在拆完一相后，拆除第二相的过程中意外触电，经抢救无效死亡。

2. 事故原因分析

(1) 徐某已参加工作 10 余年，一直从事电气作业并获得高级维修电工职业资格证书；在本次作业中徐某安全意识淡薄，工作前未进行安全风险分析，在拆除电焊机电源线中间接头时，未检查确认电焊机电源是否已断开，在电源线带电又无绝缘防护的情况下作业，导致触电。徐某低级违章作业是造成此次事故的直接原因。

(2)工作组成员李某虽为工作班成员,在工作中未有效地进行安全监督、提醒,未及时制止徐某的违章行为,是造成此次事故的原因之一。

(3)该厂 2001 年制定并下发了《电动、气动工器具使用规定》(以下简称《规定》),包括电气设备接线和 15 种设备的使用规定。《规定》下发后组织学习并进行了考试。但徐某在工作中不执行规章制度,疏忽大意,凭经验、凭资历违章作业。

(4)该厂领导对"安全第一,预防为主"的安全生产方针认识不足,存在轻安全重经营的思想,负有直接管理责任。

3. 事故防范措施

(1)采取有力措施,加强对现场工作人员执行规章制度的监督、落实,杜绝违章行为的发生。工作班成员要互相监督,严格执行《安规》和企业的规章制度。

(2)所有工作必须执行安全风险分析制度,并填写安全分析卡。安全分析卡应至少保存 3 个月。

(3)完善设备停送电制度,设计设备停送电检查卡。

(4)加强职工的技术培训和安全知识培训,提高职工的业务素质和安全意识,让职工切实从思想上认识违章作业的危害性。

(5)完善车间、班组"安全生产五同时制度",建立个人安全生产档案,对不具备本职岗位所需安全素质的人员,进行培训或转岗;安排工作时,要及时了解职工的安全思想状态,以便对每个人的工作进行周密、妥善的安排,并严格执行工作票制度,确保工作人员的安全可控与在控。

(6)各级领导要确实提高对企业安全生产形势的认识,加强企业人员的技术、安全知识培训,调整人员结构,完善职工劳动保护制度,加强现场安全管理,确保人员、设备安全,切实转变企业人员被动的安全生产局面。

项目 13

电 子 焊 接

学习情境描述

电子电路的焊接、组装与调试在电子工程技术中占有重要位置。任何一个电子产品都是经由设计→焊接→组装→调试环节形成的,而焊接是保证电子产品质量和可靠性的最基本环节,调试则是保证电子产品正常工作的最关键环节。

电烙铁钎焊,是指用电烙铁加热,将作为焊料的金属熔化成液态,把被焊固态金属连接在一起。常见的就是用电烙铁把电子元件焊接在电路板上。之所以称为钎焊工艺,是因为对焊接是有要求的,要求焊点既符合电路要求,又要美观、科学。

学习目标

1. 掌握焊接工具的使用方法。
2. 学会识别常用电子元器件。
3. 掌握焊接电路的原理。
4. 掌握在印制电路板上进行元器件插装、焊接及调试的技术。
5. 培养学生不怕困难、迎难而上、勇于探索、勇于创新的精神及平等和谐的师生关系。

13.1 焊接工具及材料

引导问题:收集资料,查阅电子元器件焊接工具及材料。

1. 焊接工具

(1) 电烙铁(见图13-1):电子制作和电器维修的必备工具,主要用途是焊接元器件及导线。电烙铁是锡焊最主要的工具。常用的电烙铁有内热式、_____、吸锡电烙铁和恒温电烙铁四种。_____能方便地吸去焊点上的锡,而不易损害元件;恒温电烙铁具有省电、焊料不易氧化和电烙铁不易烧死等优点,从而可减少锡焊和假焊,保证焊件质量。

按其功率可分为25 W、30 W、45 W、75 W、100 W、300 W等。锡焊电子元器件一般用25 W和45 W。

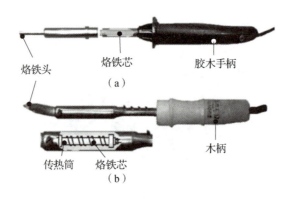

图 13－1 电烙铁

(a) 内热式电烙铁；(b) 外热式电烙铁

电烙铁的握法有笔握式和_____两种。前者适用于直头电烙铁焊接_____电子设备和印制电路板，后者适用于弯头电烙铁焊接_____电子设备。

(2) 镊子（见图 13－2）：用于夹持_____、元器件、集成电路引脚等及取用其他细小东西的一种工具。不同的场合需要不同的镊子，一般要准备直头、平头、弯头镊子各一把。

镊子的分类：①不锈钢镊子；②防静电塑料镊子；③竹镊子；④医用镊子；⑤净化镊子；⑥晶片镊子；⑦防静电可换头镊子；⑧不锈钢防静电镊子。

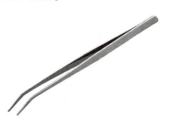

图 13－2 镊子

(3) 尖嘴钳（见图 13－3）：由尖头、刀口和钳柄组成，电工用尖嘴钳的材质一般由 45 号钢制作，类别为中碳钢。含碳量为 0.45%，韧性硬度都合适。钳柄上套有额定电压_____V 的绝缘套管。是一种常用的钳形工具。

其主要用来剪切线径较细的单股与多股线，以及给单股导线接头弯圈、剥塑料绝缘层等，能在较狭小的工作空间操作，不带刃口者只能夹捏工件，带刃口者能剪切细小零件，它是电工尤其是内线器材等装配及修理工作常用的工具之一。

(4) 斜口钳（见图 13－4）：主要用于_____导线、元器件多余的引线，还常用来代替一般剪刀剪切绝缘套管、尼龙扎线卡等。

图 13－3 尖嘴钳

图 13－4 斜口钳

斜口钳的刀口可用来剖切软电线的橡皮或塑料绝缘层，钳子的刀口也可用来切剪电线、铁丝，建议斜口钳不宜剪切_____ mm^2 以上的单股铜线和铁丝。剪 8 号镀锌铁丝时，应用刀刃绕表面来回割几下，然后只需轻轻一扳，铁丝即断。铡口也可以用来切断电线、钢丝等较硬的金属线。电工常用的有 150 mm、175 mm、200 mm 及 250 mm 等多种规格，可根据内线或外线工种需要选购。钳子的齿口也可用来紧固或拧松螺母。

使用钳子时用右手操作，将钳口_____侧，便于控制钳切部位，用小指伸在两钳柄中间来抵住钳柄，张开钳头，这样分开钳柄灵活。

注意事项：使用钳子要量力而行，不可以用来剪切钢丝、钢丝绳及过粗的铜导线和铁丝；否则，容易导致钳子崩牙和损坏。

2. 焊接材料

（1）焊料：焊锡（锭状或丝状），丝状中间包有松香，通常用于绝缘等级为 A、B、_____电动机线头焊接，而纯锡通常用于绝缘等级为 H、_____电动机线头焊接。

（2）焊剂：具有助焊和表面氧化作用。焊剂有_____、松香酒精溶液、盐酸和焊膏。

13.2 焊接步骤、技术要求及注意事项

引导问题：收集资料，查阅电子元器件焊接步骤、技术要求及注意事项。

1. 焊接步骤

（1）焊接前，准备好焊接用的工具和材料。电烙铁接通电源后片刻，待烙铁头部温度达到松香的熔化温度（约 150 ℃）时，将烙铁头插入松香，使其表面涂敷上一层松香，脱离松香后与锡丝接触，使烙铁头表面涂敷一层光亮的焊锡，长度为 5～10 mm。然后左手拿焊锡丝，右手握电烙铁，随时保持可焊接状态。

（2）焊接时，在被焊件的两侧，分别放上电烙铁和焊锡丝（通常为 3～5 s），以熔化适量的焊料（对热容量大的被焊件应先用电烙铁头加热，然后再加焊锡丝），且不能把焊锡丝放在电烙铁头上面进行熔化，以防焊剂分解过快、助焊减弱，致使焊点质量较低。

（3）当焊锡扩散至一定范围后，迅速移开电烙铁和焊锡丝，移开时应迅速以 45°角从斜上方移开。若焊锡已充分润湿焊接部位，而焊剂尚未完全挥发，形成光亮的焊点，则应立即脱离，若焊点表面变得无光泽而粗糙，则说明脱离时间_____。脱离时动作要迅速，以免焊点表面拉出毛刺。

（4）焊接结束以后，应该先检查电路有无漏焊、错焊和虚假焊等。检查时可用镊子进行检查，查看有无松动。

烙铁头的残余焊剂所产生的氧化物和碳化物会损坏烙铁头，造成焊接误差或使烙铁头导热功能减退，故当经常使用烙铁时，应每周一次拆开烙铁头，清除氧化物。使用后，应擦干净烙铁头，镀上新锡，并关闭烙铁电源，以免烙铁头发生氧化。

小提示

常见的两种误操作：

（1）烙铁头不是先与工件接触，而是先与锡丝接触，熔化的焊锡滴落在尚未预热的焊接部位，这样很容易导致虚假焊点的产生。

（2）用烙铁头沾一点焊锡带到焊接部位，这时助焊剂已全部挥发或焦化，失去了助焊作用。因此，在操作时，最重要的是烙铁必须首先与工件接触，先对焊接部位进行预热，这是防止产生虚假焊点的有效手段。

2. 锡焊技术要求

（1）焊点应接触良好。焊接时焊点要求饱满，要把铜箔盖均匀，要防止虚焊和假焊。虚焊使接触电阻增大，电路工作不稳定，会给检修工作带来很大困难；假焊使电路不通。

（2）焊点应具有一定的强度。一般要求焊点面积应足够大，把铜箔盖住，以增加焊接点的机械强度。

（3）焊点表面应清洁、美观、有光泽。焊点表面应光亮圆滑，无锡刺，锡量适中，不应出现棱角或带尖等现象。

3. 焊接注意事项

（1）电烙铁不要随意摆放，不能摆在木板上，要摆在金属架上，以免发生烫伤（见图 13-5）。

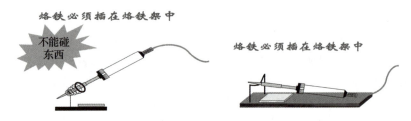

图 13-5 电烙铁摆放位置

（2）选用合适的焊锡，应选用焊接电子元器件用的低熔点焊锡丝。

（3）使用时，不要随意甩动电烙铁，以免发生烫伤。

（4）焊接时间不宜过长，否则容易烫坏元器件，必要时可用镊子夹住管脚帮助散热。

（5）集成电路应最后接，电烙铁要可靠接地或断电后利用余热焊接；或者使用集成电用插座，焊好插座后再把集成电路插上去。

13.3 S66E 收音机的安装、焊接与调试

收音机焊接

引导问题：收集资料，查阅 S66E 收音机的装调。

S66E 收音机原理图如图 13-6 所示。

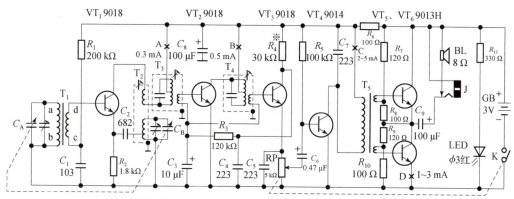

注：1.调试时请注意连接集电极回路A、B、C、D（测集电极电流用）。
2.中放增益低时，可改变R_4的阻值，声音会提高。

图 13-6　S66E 收音机原理图

1. 清点电子元器件

 小提示

请按元器件清单一一对应，记清每个元器件的名称与外形。打开时请小心，不要将塑料袋撕破，以免零件丢失。清点材料时请将机壳后盖当容器，将所有的东西都放在里面。清点完后请将暂时不用的元器件、材料放回塑料袋备用。弹簧和螺丝钉要小心防止滚落丢失。

（1）电阻：R_1 200 kΩ，R_2 1.8 kΩ，R_3 120 kΩ，R_4 30 kΩ，R_5 100 kΩ，R_6 100 Ω，R_7 120 Ω，R_8 100 Ω，R_9 120 Ω，R_{10} 100 Ω，R_{11} 330 Ω（见图 13-7）。

电阻 共11只

图 13-7　零件（一）

（2）发光二极管 1 个；电位器 1 个；电解电容：C_8 100 μF，C_9 100 μF，C_3 10 μF，C_6 0.47 μF（见图 13-8）。

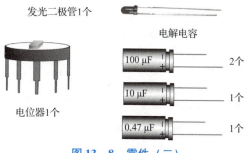

图 13-8　零件（二）

(3) 瓷片电容：C_1 103，C_2 682，C_4 223，C_5 223，C_7 223；连接导线：黄色 2 根，红色 1 根，黑色 1 根（见图 13-9）。

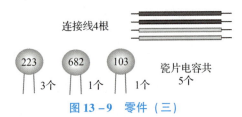

图 13-9　零件（三）

(4) 双联 CBM223P 1 个；变压器 1 个；中周：红 1 个，黑 1 个，白 1 个（见图 13-10）。

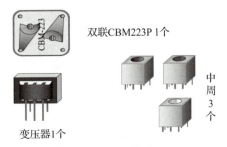

图 13-10　零件（四）

(5) 三极管：9018 3 支，9014 1 支，9013 2 支；电位盘 1 个；周率板 1 块；调谐盘 1 个（见图 13-11）。

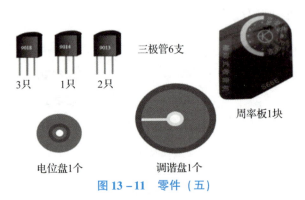

图 13-11　零件（五）

(6) 连体弹簧 1 个；正负极片各 1 片；磁棒和线圈 1 套；磁棒支架 1 个（见图 13-12）。

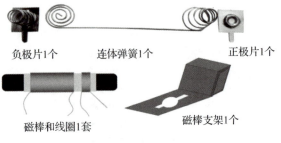

图 13-12　零件（六）

（7）螺丝钉5颗；喇叭1个（见图13-13）。
（8）前框和后盖各1个（见图13-14）。

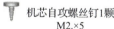

图13-13 零件（七）　　　　　　　　图13-14 零件（八）

2. 二极管、电容、电阻、电位器的认识

 小提示

元件的大小与极性一定不能弄错。

（1）区分二极管极性（见图13-15）：用指针式万用表，将万用表的两表笔分别测在二极管两端，如果万用表的表笔趋于0，说明万用表的红表笔测在二极管的正极，黑表笔测在负极；如果万用表的表笔趋于∞，说明万用表的红表笔测在负极，黑表笔测在正极。

（2）区分电解电容极性（见图13-16）：根据正接时漏电电流小，阻值就大；反接时漏电电流大，阻值就小进行判断。通常管脚长的为正极，管脚短的为负极。

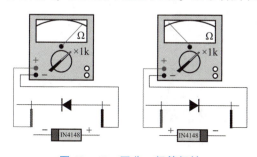
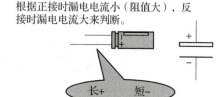

图13-15 区分二极管极性　　　　　　图13-16 区分电解电容极性

（3）电阻的读数或测量（见图13-17）：
①从左到右，第1、2、3环表示的是数值，第4环表示的是倍率，第5环表示的是误差。
②金色和银色只能是乘数和允许误差，一定放在右边。
③表示允许误差的色环比别的色环稍宽，离别的色环稍远。
④通常用的电阻大都允许误差是±5%的，用金色色环表示，因此金色一般在最右边。

（4）电位器的测量（见图13-18）：转动旋钮，4与5间是通或断，1与2，2与3间阻值会随之改变。

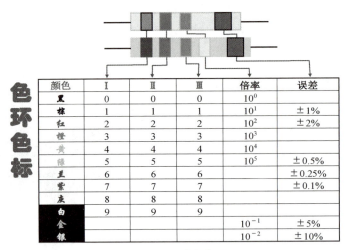

图 13 – 17 电阻色环

3. 焊接前的准备工作

（1）元器件读数测量，使用万用表检查元器件好坏及元器件型号是否和清单一致。

（2）去氧化层，左手捏住电阻或其他元器件的本体，右手用锯条轻刮元器件脚的表面，左手慢慢地转动，直到表面氧化层全部去除。

（3）元器件弯制，用镊子夹住元器件根部，将元器件脚弯制成型，禁止直接从元器件根部，将元器件脚弯制成型。

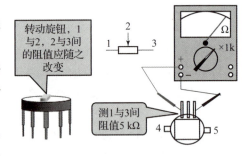

图 13 – 18 电位器的测量

（4）元器件插放，可采用卧式插法或立式插法（见图 13 – 19）。

图 13 – 19 电阻安装方式

（a）卧式插法；（b）立式插法

（5）元器件焊接。

1）去氧化层元件弯制

（1）左手捏住电阻或其他元器件的本体，右手用锯条轻刮元器件脚表面，左手慢慢转动直到表面氧化层全部去除（新元器件免去此项）。

（2）根部留 1~2 mm，用镊子夹住管脚，将元器件脚弯制成型（一般弯成弧形）。

2）元器件的插放

（1）卧式插法：元器件两边都弯。根部留 1~2 mm，元器件一般弯成弧形。

（2）立式插法：元器件只要弯一边。根部留 1~2 mm，元器件向左倾斜 15°~20°，元器件脚大约折弯 30°。剪去多余的元件脚（见图 13 – 20）。

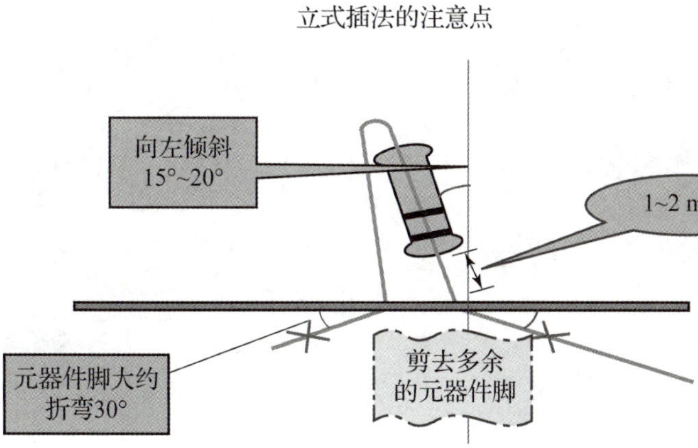

立式插法的注意点

向左倾斜 15°~20°

1~2 mm

元器件脚大约折弯 30°

剪去多余的元器件脚

图 13 – 20　电阻立式焊接方法

4. 元器件焊接与安装注意事项

（1）不仅要位置正确，还要焊接牢固可靠，形状整洁美观。

（2）焊接前电阻要看清阻值大小，并用万用表校核。电容、二极管要看清极性。

（3）假如焊错要小心地用烙铁加热后取下重焊。拔下的动作要轻，如果安装孔堵塞，要一边加热，一边用针捅开。

（4）电阻的读数方向要一致，色环不清楚时要用万用表测定阻值后再安装。

（5）上螺丝钉、螺母时用力要合适，不可太大。

（6）不要忘记连接测试点。

5. 元器件插装及焊接（安装顺序）

（1）第一步：插装及焊接耐热元器件。如电阻、瓷片电容、三极管、电解电容。

（2）第二步：插装及焊接大一点的元器件。如中周、输入变压器、耳机插座、双联电容、电位器。

（3）第三步：插装及焊接磁棒线圈、扬声器线、电源线。

（4）第四步：插装及焊接发光二极管、拨盘。元器件插装及焊接如图 13 – 21 所示。

6. 实习组装调整中易出现的问题

1）变频部分

判断变频级是否起振，用 MF47 型万用表直流 2.5 V 挡接 V1 发射极，负表棒接地，然后用手摸双联振荡联（即连接 B2 端），万用表指针应向左摆动，说明电路工作正常，否则说明电路中有故障。变频级工作电流不宜太大，否则噪声大。振荡线圈外壳两脚均应弯脚焊牢，以防调谐盘卡盘。

2）中频部分

中频变压器序号位置弄错，结果是灵敏度和选择性降低，有时有自激。黄色中周两脚都应该焊牢，否则将产生自激。

3）低频部分

输入、输出位置弄错，虽然工作电流正常，但音量很低，V_6、V_7 集电极（c）和发射

焊接时注意各元器件对应位置，确保无误时再进行焊接，根据工艺要求依次安装

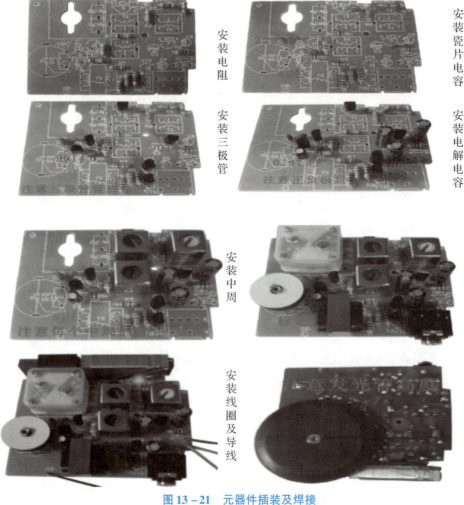

图 13-21　元器件插装及焊接

极（e）弄错，工作电流调不上，音量极低。

4）三极管

三极管的电流放大倍数 β 值：$VT_1 \leqslant VT_2 \leqslant VT_3 \leqslant VT_4$。$VT_1$ 的 β 值在 70 左右，VT_2、VT_3、VT_4 的 $\beta = 110 \sim 180$，VT_5 与 VT_6 的 β 值为 250。三极管采用立式焊接，引脚不宜太短，否则在维修时不便拆卸；三极管三个极不要焊错，否则易损坏（VT_1、VT_5、VT_6）三极管。

5）中频变压器

中周（中频变压器）T_2 振荡、T_3 中频 1、T_4 中频 2 安装顺序不要颠倒，中周（中频变压器）磁帽红色、白色、黑色磁帽不要乱调整影响 465 Hz 频率，中周接地脚（屏蔽罩）要刮脚清理，否则不易挂焊锡焊接（引脚不用挂锡）。

6）元器件焊接顺序

元器件焊接顺序依次为电阻、电容、二极管、三极管、集成电路、大功率管及其

他元器件。

7）输入变压器

T_5（B）输入变压器线圈骨架有一白凸塑料点，要与印刷电路板输入变压器电子符号上白点对应。当 T_5（B）输入变压器引脚位置焊错，拆卸 T_5（B）时，注意应将引脚的焊锡吸除干净，否则拆卸 T_5（B）输入变压器引脚时，易断脚或断线（内部引线断线）。

8）印刷电路板

印刷电路板 A、B、C、D 调试点（静态无信号）将 T_1 线圈断开，断开 d 点即可（静态无信号状态），调试测量静态 VT_1、VT_2、VT_3、VT_4、VT_5、VT_6 三极管电流后焊上 A、B、C、D 点。

9）发光二极管

耳塞座处引脚应折弯和加引线，发光二极管先判断正负极，将发光二极管引脚预留 11 mm，应折弯 180°，安装在印刷电路板上并使发光二极管对准收音机塑料机壳前面板电源指示孔。

10）扬声器固定

天线磁棒塑料架装在印刷电路板元器件引脚焊接面一侧并用螺丝钉固定。安装喇叭时，喇叭应与印刷电路板喇叭连接端引线近一些，将喇叭装入收音机塑料机壳前面板。将旁边三个凸起塑料点用烙铁加热折弯固定上喇叭。

11）可变电容器

电容器引线（动片、定片、三个脚折弯或减去部分引脚）要使动片、定片、三个引脚矮一些，否则用手拨动圆拨盘调谐收音时圆拨盘转动不流畅。固定时，同无线支架一起紧固在焊接面一侧，先用螺丝钉固定无线支架和可变电容器，再焊接。

7. S66E 型外差式收音机修理检测方法

1）检测前提

安装正确，元器件无差处、无缺焊、无错焊及塔焊。

2）检查要领

一般由后级向前检测，先检查低功放级，再看中放和变频级。

3）检测修理方法

（1）整机静态总电流测量；

（2）工作电压测量，总电压为 3 V；

（3）变频级无工作电流；

（4）一中放无工作电流；

（5）一中放工作电流大，1.5~2 mA（标准是 0.4~0.8 mA）；

（6）二中放无工作电流；

（7）二中放工作电流太大，大于 2 mA；

（8）低放级无工作电流；

（9）低放级电流太大，大于 6 mA；

（10）功放级无电流（V_5、V_6 管）；

（11）功放级电流太大，大于 20 mA。

整机无声：用 MF47 型万用表检查故障方法。用万用表 Ω×1 挡黑表棒接地，红表棒从后级往前级寻找，对照原理图，从喇叭开始，顺着信号传播方向逐级往前碰触，喇叭应发出"喀喀"声。当碰触到哪级无声时，则故障就在该级，可测量工作点是否正常，并检查有无接错、焊错、塔焊、虚焊等。若在整机上无法查出该元件的好坏，则可拆下检查。

 任务实施：S66E 收音机的安装、焊接与调试

（1）根据 S66E 收音机的安装、焊接与调试规范及要求，制订 S66E 收音机的安装与调试行动计划（填写下表对应的操作要点及注意事项）。

操作流程		
序号	作业项目	操作要点
1	清点电子元器件	
2	二极管、电容、电阻、电位器的认识	
3	焊接前的准备工作	
4	元器件焊接与安装注意事项	
5	元器件插装及焊接（安装顺序）	
6	实习组装调整中易出现的问题及修理检测方法	
作业注意事项		
审核意见		日期： 签字：

（2）请根据作业计划，完成小组成员任务分工，按要求填写下表。

操作人		记录员、监护人	
1. 清点元器件			
详细过程			
2. 电阻、电容、二极管、三极管的检测			
详细过程			

续表

3. 焊接前准备工作	
详细过程	
4. 元器件焊接与安装注意事项	
详细过程	
5. 元器件插装及焊接（安装顺序）	
详细过程	
6. 实习组装调整中易出现的问题及修理检测方法	
详细过程	

（3）请实训指导教师检查本组作业结果，并针对实训过程出现的问题提出改进措施及建议。

序号	评价标准	评价结果
1	二极管、电容、电阻、三极管的认识是否正确	
2	焊接前的准备工作是否正确	
3	元器件插装及焊接（安装顺序）是否正确	
4	实习组装调整中修理检测方法是否正确	
综合评价		
综合评语（改进意见）		

（4）请根据自己在课堂中的实际表现进行自我反思和自我评价。

自我反思	
自我评价	

(5) 实训成绩。

项目	评分标准	分值	得分
接收工作任务	明确工作任务，理解任务在企业工作中的重要程度	5	
收集信息	认识二极管、电容、电阻、电位器	10	
	掌握元器件插装及焊接（安装顺序）方法及步骤	10	
	掌握实习组装调整中的修理检测方法	10	
制订计划	按照 S66E 收音机的安装、焊接与调试规范及要求，制订合适的检修训练计划	5	
	能协同小组人员安排任务分工	5	
	能在实施前准备好需要的工具器材	5	
实施计划	规范进行场地布置	5	
	劳保用品穿戴整齐	5	
	检修工具检查无问题，准备完毕	10	
	S66E 收音机的安装、焊接与调试训练任务的实施情况	10	
质量检查	完成任务，S66E 收音机的安装、焊接与调试操作熟练、动作规范	10	
评价反馈	能对自身表现情况进行客观评价	5	
	在任务实施过程中发现自身问题	5	
得分（满分 100 分）			

13.4　多谐振荡器双闪灯电路安装与调试

多谐振荡器双闪灯电路安装与调试

引导问题：收集资料，查阅多谐振荡器双闪灯电路安装与调试。

1. 元件清单（表 13-1 所示）

表 13-1　多谐振荡器双闪灯电路设计与制作套件

序号	名称	代号	规格	数量	备注
1	电阻	R_1，R_2	100 kΩ	2	
2	电阻	R_3，R_4	220 Ω	2	
3	发光二极管	VD_1，VD_2	3 mm	2	

续表

序号	名称	代号	规格	数量	备注
4	电解电容	C_1，C_2	25 V/10 μF	2	
5	三极管	VT_1，VT_2	9013	2	
6	万能板		玻纤板 79	1	
7	单排针		1×40 PIN 2.54 mm	1	
8	专用铜导线		0.5 mm² 铜导线	1	
9	焊锡		凯纳 0.8	1	

2. 电子元器件的认识

本电路是由电阻、电容、发光二极管、三极管构成的典型自激多谐振荡电路。在前面介绍了电阻和发光二极管，下面只介绍电容和三极管。

1）电容器的识别

电容器，简称电容，用字母 C 表示，国际单位是法拉，简称法，用 F 表示，在实际应用中，电容器的电容量往往比 1 法拉小得多，常用较小的单位，如微法（μF）、皮法（pF）等，它们的关系是：1 法拉(F) = 1 000 000 微法(μF)，1 微法(μF) = 1 000 000 皮法(pF)。本套件中使用了 2 个 10 μF 的电解电容，引脚长的为正，短的为负；旁边有一条白色的为负，另一引脚为正。电容上标有耐压值是 25 V，容量是 10 μF。

2）三极管的识别

三极管，全称应为半导体三极管，也称为双极型晶体管、晶体三极管，是一种电流控制电流的半导体器件。其作用是把微弱信号放大成幅值较大的电信号，也用作无触电开关，俗称开关管。套件中使用的是 NPN 型的三极管 9013，当把有字的面朝向自己，引脚朝下，从左往右排列是发射极 E，基极 B，集电极 C。三极管的引脚如图 13 – 22 所示。

图 13 – 22 三极管的引脚

三极管具有电流放大作用，其实质是三极管能以基极电流微小的变化量来控制集电极电流较大的变化量。这是三极管最基本的和最重要的特性。我们将 $\Delta I_c / \Delta I_b$ 的比值称为晶体三极管的电流放大倍数，用符号"β"表示。电流放大倍数对于某一只三极管来说是一个定值，但随着三极管工作时基极电流的变化也会有一定的改变。

3）晶体三极管的三种工作状态

（1）截止状态。

当加在三极管发射结的电压小于 PN 结的导通电压，基极电流为零，集电极电流和发射极电流都为零，这时三极管失去了电流放大作用，集电极和发射极之间相当于开关的断开状态，我们称三极管处于截止状态。

（2）放大状态。

当加在三极管发射结的电压大于 PN 结的导通电压，并处于某一恰当的值时，三极管的发射结正向偏置，集电结反向偏置，这时基极电流对集电极电流起着控制作用，使三极管具有电流放大作用,其电流放大倍数 $\beta = \Delta I_c / \Delta I_b$,这时三极管处放大状态。

(3) 饱和导通状态。

当加在三极管发射结的电压大于 PN 结的导通电压,并当基极电流增大到一定程度时,集电极电流不再随着基极电流的增大而增大,而是处于某一定值附近不怎么变化,这时三极管失去电流放大作用,集电极与发射极之间的电压很小,集电极和发射极之间相当于开关的导通状态。我们称三极管的这种状态为饱和导通状态。

根据三极管工作时各个电极的电位高低,就能判别三极管的工作状态,因此,在电子产品调试过程中,用万用表测量三极管各脚的电压,从而判别三极管的工作情况和工作状态。

3. 多谐振荡器双闪灯电路原理(见图 13-23)

(1) 自激多谐振荡器也叫无稳态电路,两管的集电极各有一个电容分别接到另一管子的基极,起到交流耦合作用,形成正反馈电路。

本电路即为无稳态多谐振荡电路,图 13-23 中两个三极管 VT_1、VT_2 在饱和与截止两个状态之间交替变换工作,即 VT_1 饱和则 VT_2 截止,VT_1 截止则 VT_2 饱和,两种状态周期性地互换,VT_1、VT_2 的集电极输出波形近似方波。

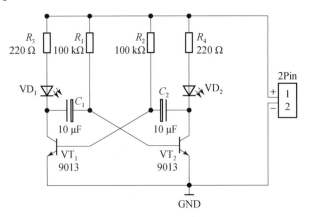

图 13-23 多谐振荡器双闪灯电路原理图

当接上电源瞬间,VT_1、VT_2 分别由 R_2、R_1 获得正向偏压,同时 C_1、C_2 亦分别经 VD_1、R_3,VD_2、R_4 充电。

(2) 由于 VT_1、VT_2 的特性无法百分之百相同,假设某一三极管 VT_1 的电流增益比另一个三极管 VT_2 高,则 VT_1 会比 VT_2 先进入饱和状态,而当 VT_1 饱和时,C_1 由电源正极 R_1、VT_1 的 CE 极构成放电回路放电。而 VT_2 的 BE 极形成反向偏压,即 A 点电压为负 (-2 V 左右),促使 VT_2 截止、VT_1 导通。由于 c、e 极之间此时是通的,所以 c 极处电位接近于负极(我们的图中是接地,就是接近于 0 V),由于电容 C_1 的耦合作用,VT_2 基极电压接近于负极→不会产生基极电流,即 $I_b = 0A$→则 VT_1 的 EC 之间断开,同时 C_2 经 D_2、R_4 及 VT_1 的 BE 极于短时间内完成充电。

(3) VT_1 导通、VT_2 截止的情形并不是稳定的,当 C_1 放电完后,电容 C_1 由 R_1、VT_1 的 CE 极反向充电,当充到 0.7 V 时,此时 VT_2 获得偏压而进入饱和导通状态,C_2 经 R_2、VT_2 的 CE 极放电。同样地,造成 VT_1 的 BE 反向偏压,VT_1 截止,C_1 由电源正极经 VD_1、R_1 及 VT_2 的 BE 极于短时间充电完成。同理,C_2 放完电后,电容 C_2 由电源正极经 R_3、VT_2

的 CE 极反向充电，当充到 0.7 V 时，VD_1 经 R_2 获得偏压而导通，VT_2 截止。

如此反复循环下去，所有两个 LED 交替闪烁。改变电阻 R_1、R_2 阻值或电容 C_1、C_2 的容量可以改变 LED 闪烁的速度。

4. 安装与调试

电路安装比较简单，参考电路原理图 13-23，按照正电源插针，发光二极管 VD_1，电阻 R_3，电容 C_1，三极管 VT_1，电阻 R_1，电阻 R_2，发光二极管 VD_2，电阻 R_4，电容 C_2，三极管 VT_2 的顺序安装，成功后，接上 5 V 直流电压，或者用三节 5 号电池供电（见图 13-24、图 13-25）。

图 13-24　实物图

图 13-25　走线图

（1）检测焊接线路是否正常连通，可用万用表检测每条线路是否导通。因为初次焊接时，经常出现虚焊、假焊、漏焊等焊接故障。

（2）检测每个元器件是否安装正确，特别是发光二极管的正负极性是否正确。

正常情况下，可以观察到二支 LED 发光二极管轮流闪烁，如果没有出现我们需要的功能，应该从以下几个方面调试、检修。

①用万用表测试电源电压是否正常。

②发光二极管的限流电阻是否用错，初学者容易把 220 Ω 的电阻与 100 kΩ 的电阻弄混。

③测试下电容 C_1、C_2 的负极的电压是否改变，如果没有改变，要检测三极管是否焊接正确。

任务实施：多谐振荡器双闪灯电路安装与调试

（1）根据多谐振荡器双闪灯电路安装与调试规范及要求，制订多谐振荡器双闪灯电路安装与调试行动计划（填写下表对应的操作要点及注意事项）。

操作流程		
序号	作业项目	操作要点
1	元器件清点	
2	认识电子元器件	
3	掌握振荡器双闪灯工作原理	

续表

操作流程		
序号	作业项目	操作要点
4	安装与调试	
作业注意事项		
审核意见		日期： 签字：

（2）请根据作业计划，完成小组成员任务分工，按要求填写下表。

操作人		记录员、监护人	
1. 元器件清点			
详细过程			
2. 认识电子元器件			
详细过程			
3. 掌握振荡器双闪灯工作原理			
详细过程			
4. 安装与调试			
详细过程			

（3）请实训指导教师检查本组作业结果，并针对实训过程出现的问题提出改进措施及建议。

序号	评价标准	评价结果
1	清点元器件是否正确	
2	电子元器件的认识是否正确	
3	振荡器双闪灯工作原理分析是否正确	
4	安装与调试是否正确	
综合评价		
综合评语（改进意见）		

（4）请根据自己在课堂中的实际表现进行自我反思和自我评价。

自我反思	
自我评价	

（5）实训成绩

项目	评分标准	分值	得分
接收工作任务	明确工作任务，理解任务在企业工作中的重要程度	5	
收集信息	认识电子元器件	10	
	掌握振荡器双闪灯工作原理	10	
	掌握安装与调试方法及步骤	10	
制订计划	按照多谐振荡器双闪灯电路安装与调试规范及要求，制订合适的检修训练计划	5	
	能协同小组人员安排任务分工	5	
	能在实施前准备好需要的工具器材	5	
实施计划	规范进行场地布置	5	
	劳保用品穿戴整齐	5	
	检修工具检查无问题，准备完毕	10	
	多谐振荡器双闪灯电路安装与调试训练任务的实施情况	10	
质量检查	完成任务，多谐振荡器双闪灯电路安装与调试操作熟练、动作规范	10	
评价反馈	能对自身表现情况进行客观评价	5	
	在任务实施过程中发现自身问题	5	
得分（满分 100 分）			

13.5　企　业　案　例

电子厂正己烷群体中毒事故

1997 年 9 月，某电子厂 51 名工人联名投诉，反映该厂一些女工出现行走困难、四肢麻木等症状，区劳动局与区防疫站的工作人员随即赶到现场进行调查。

1. 事故经过

该电子厂系来料加工企业，主要以加工装配液晶显示器和电话机为主，全厂共有 12 个车间，员工 500 多人。从 1997 年 6 月起，在电子厂液晶显示器灌液车间和清洗车间工作的工人，相继出现手脚发麻、全身无力的症状；随后不久，有的员工有时走路都会腿部发软，会不由自主跪倒在地。8 月初，一些员工出现同样症状，他们向工厂和车间负责人多次反映，要求安排患者入院治疗，在灌液车间安装抽风排毒设施，但都未得到解决。到 8 月中旬，灌液车间员工向该厂行政人事部反映，有位女工已生病近 1 个月，病重得不能行走，被送到附近医院检查治疗，初步诊断为：双腿麻痹，原因待查。有 3 名员工病情严重，表现为手脚酸痛、麻痹无力、行走困难等症状。送医院检查治疗，诊断无结果，暂住院。以后几天陆续有生病员工要求治疗，共 40 多人，其中有 12 名症状严重者住院治疗。直到后来，工人集体投诉到劳动局后，工厂才意识到问题的严重性。

2. 事故原因

这次发病的员工，主要分布在灌液和清洗两个车间，共 40 人有明显的临床症状，除 2 名是男工外，其余都是女工。经对该厂生产环境进行卫生监测和对病人进行临床方面的检查，发现这两个车间正己烷的浓度超过卫生毒理学指标的 4.6 倍。经省、市职业病诊断小组专家、教授的调查和研究，诊断为正己烷引起的职业中毒。截至 1997 年 11 月，该厂住院治疗人数还在增加，重症者已瘫痪不起，也有人出现肌肉萎缩症状，走路拖步。

据调查，该电子厂从 1996 年 11 月开始，用正己烷取代氟利昂作为清洗液晶片和注液槽的溶剂，每周用量达 800 kg。正己烷是一种有毒的有机溶剂，在我国属于限制使用的化学溶剂。它会对人体神经造成损害，导致四肢麻木、无力、肌肉张力减退等症状。该厂库存的罐装铁桶说明书危险情况一栏标明，该溶剂极度易燃，吸入人体或沾及皮肤都对人体有害，能对人体造成永不复原的损害。然而，该电子厂在生产中使用这样一种危险物品，却只在车间一边的墙上安装了几台排气扇。车间是全封闭式，灌液车间面积约 100 m^2，清洗车间约 20 m^2，灌液车间每班要容纳二三十人上班，清洗车间要容纳十几人上班，而且每班工作时间达 10～12 h，工厂又未给工人配备必要的防毒面罩和手套，因此，工人在没有得到必备的劳动防护的情况下，长期、反复地吸入并皮肤直接接触正己烷，从而引起正己烷慢性中毒。

3. 事故预防措施

这起危险化学品中毒事故发生后，有关部门对该电子厂未对从事有毒有害作业场所及作业人员采取有效的劳动安全卫生保护措施，致使工人集体职业中毒，发出监察整改指令：

（1）灌液、清洗车间立即停止使用正己烷，使用其他代用品必须申报该化学物品的名称、危险品分类、毒物性质、危害性及其安全预防措施，经审批后才能使用。

（2）加强全面和局部抽风和送风，保证车间内有害气体浓度符合卫生要求；车间内设置毒物浓度报警装置，报警值报卫生部门审定。

（3）所有员工进行全面职业健康体检，并为员工建立个人健康档案。

（4）建立健全各级人员安全生产责任制、岗位安全操作规程，员工安全守则，制定安全检查、工伤和职业病报告等制度。所有员工要进行三级安全教育，并建立培训档案。

（5）从事有毒有害作业的员工，每天劳动时间不得超过 8 h；未满 18 周岁的员工不得从事有毒有害作业和特别繁重的体力劳动。

附录 A

常见电气元器件图形、文字符号

类别	名称	图形符号	文字符号	类别	名称	图形符号	文字符号
开关	单极控制开关		SA	位置开关	常开触头		SQ
	手动开关一般符号		SA		常闭触头		SQ
	三极控制开关		QS		复合触头		SQ
	三极隔离开关		QS	按钮	常开按钮		SB
	三极负荷开关		QS		常闭按钮		SB
	组合旋钮开关		QS		复合按钮		SB
	低压断路器		QF		急停按钮		SB
	控制器或操作开关		SA		钥匙操作式按钮		SB

续表

类别	名称	图形符号	文字符号	类别	名称	图形符号	文字符号
接触器	线圈操作器件		KM	热继电器	热元件		FR
	常开主触头		KM		常闭触头		FR
	常开辅助触头		KM	中间继电器	线圈		KA
	常闭辅助触头		KM		常开触头		KA
时间继电器	通电延时（缓吸）线圈		KT		常闭触头		KA
	断电延时（缓放）线圈		KT	电流继电器	过电流线圈	I>	KA
	瞬时闭合的常开触头		KT		欠电流线圈	I<	KA
	瞬时断开的常闭触头		KT		常开触头		KA
	延时闭合的常开触头		KT		常闭触头		KA
	延时断开的常闭触头	或	KT	电压继电器	过电压线圈	U>	KV
	延时闭合的常闭触头	或	KT		欠电压线圈	U<	KV
	延时断开的常开触头	或	KT		常开触头		KV

续表

类别	名称	图形符号	文字符号	类别	名称	图形符号	文字符号
电磁操作器	电磁铁的一般符号		YA	电压继电器	常闭触头		KV
	电磁吸盘		YH	电动机	三相笼型异步电动机		M
	电磁离合器		YC		三相绕线转子异步电动机		M
	电磁制动器		YB		他励直流电动机		M
	电磁阀		YV		并励直流电动机		M
非电量控制的继电器	速度继电器常开触头		KS		串励直流电动机		M
	压力继电器常开触头		KP	熔断器	熔断器		FU
发电机	发电机		G	变压器	单相变压器		TC
	直流测速发电机		TG		三相变压器		TM
灯	信号灯（指示灯）		HL	互感器	电压互感器		TV
	照明灯		EL		电流互感器		TA

续表

类别	名称	图形符号	文字符号	类别	名称	图形符号	文字符号
接插器	插头和插座	─(─ 或 ─<<	X 插头 XP 插座 XS		电抗器		L
电工仪表	电流表	(A)	PA		电池	─┤├─	GB
	电压表	(V)	PV	电阻器	普通电阻	─▭─	R
	有功功率表	(kW)	PW		固定抽头电阻		R
	有功电度表	(kWh)	PJ		可变电阻		R
	无功电流表	(A sinφ)			电位器		RP
	无功功率表	(var)		晶体管	普通二极管	─▷├─	D
	相位表	(φ)			发光二极管		LED
	频率表	(Hz)			三极管	PNP型　NPN型	VT
	检流计	(↑)		电容器	一般电容器	─┤├─	C

续表

类别	名称	图形符号	文字符号	类别	名称	图形符号	文字符号
调制器变换器	整流器		U	电容器	极性电容器		*C*
	桥式全波整流器		U		可变电容器		*C*
	逆变器		U				
	变频器		U				

附录 B

电气技术常用辅助文字符号

序号	文字符号	名称	序号	文字符号	名称	序号	文字符号	名称
1	A	电流	25	F	快速	49	R	记录
2	A	模拟	26	FB	反馈	50	R	右
3	AC	交流	27	FW	正，向前	51	R	反
4	A，AUT	自动	28	GN	绿	52	RD	红
5	ACC	加速	29	H	高	53	R，RST	复位
6	ADD	附加	30	IN	输入	54	RES	备用
7	ADJ	可调	31	INC	增	55	PUN	运转
8	AUX	辅助	32	IND	感应	56	S	信号
9	ASY	异步	33	L	左	57	ST	起动
10	B，BRK	制动	34	L	限制	58	S/SET	置位，定位
11	BK	黑	35	L	低	59	SAT	饱和
12	BL	蓝	36	LA	闭锁	60	STE	步进
13	BW	向后	37	M	主	61	STP	停止
14	C	控制	38	M	中	62	SYN	同步
15	CW	顺时针	39	M	中间线	63	T	温度
16	CCW	逆时针	40	M/MAN	手动	64	T	时间
17	D	延时	41	N	中性线	65	TE	无噪声（防干扰）接地
18	D	差动	42	OFF	断开	66	V	速度
19	D	数字	43	OUT	输出	67	V	电压
20	D	降	44	P	压力	68	WH	白
21	DC	直流	45	P	保护	69	YE	黄
22	DEC	减	46	PE	保护接地			
23	E	接地	47	PEN	保护接地与中性线共用			
24	EM	紧急	48	PU	不接地保护			

附录 C

生产派工单

<table>
<tr><td colspan="5" align="center">生 产 派 工 单</td></tr>
<tr><td colspan="5">单　　号：
开单部门：
开 单 人：
开单时间：
接 单 人：</td></tr>
<tr><td colspan="5" align="center">以下由开单人填写</td></tr>
<tr><td>产品名称</td><td></td><td colspan="2">完成工时</td><td></td></tr>
<tr><td>产品技术
要求</td><td colspan="4"></td></tr>
<tr><td colspan="5" align="center">以下由接单人和确认方填写</td></tr>
<tr><td>安全注意
事　项</td><td colspan="4"></td></tr>
<tr><td>领取材料
（含消耗品）</td><td></td><td rowspan="2">成本核算</td><td colspan="2">金额合计：

仓管员（签名）

　　年　月　日</td></tr>
<tr><td>领用工具</td><td></td><td colspan="2"></td></tr>
<tr><td>操作者
检测</td><td colspan="2"></td><td colspan="2">（签名）

　　年　月　日</td></tr>
<tr><td>班　组
检　测</td><td colspan="2"></td><td colspan="2">（签名）

　　年　月　日</td></tr>
<tr><td>质检员
检　测</td><td colspan="2"></td><td colspan="2">（签名）

　　年　月　日</td></tr>
<tr><td rowspan="3">任务完成
质量评价</td><td>合格</td><td colspan="3"></td></tr>
<tr><td>不良</td><td colspan="3"></td></tr>
<tr><td>返修</td><td colspan="3"></td></tr>
</table>

附录 D

电气控制线路安装与检修考核标准

项目内容	配分	评分标准	扣分
装前检查	5 分	电气元器件漏检或错检，每处扣 1 分	
安装元器件	15 分	1. 不按布置图安装，扣 15 分。 2. 元器件安装不牢固，每只扣 4 分。 3. 元器件安装不整齐、不匀称、不合理，每只扣 3 分。 4. 损坏元件，扣 15 分	
布线	40 分	1. 不按电路图接线，扣 25 分。 2. 布线不符合要求：主电路，每根扣 4 分；控制电路，每根扣 2 分。 3. 接点不符合要求，每个接点扣 1 分。 4. 损伤导线绝缘或线芯，每根扣 5 分。 5. 漏接接地线，扣 10 分	
通电试车	40 分	1. 第一次试车不成功，扣 20 分。 2. 第二次试车不成功，扣 30 分。 3. 第三次试车不成功，扣 40 分	
安全文明生产		违反安全文明生产规程，扣 5~40 分	
定额时间		每超时 5 min 以内，以扣 5 分计算	
备注		除定额时间外，各项目的最高扣分不应超过配分数	成绩
开始时间		结束时间	实际时间

附录 E

变压器检修考核标准

序号	考核内容及要求	评分标准	配分	得分
1	检查、修理清洁变压器的外壳	1. 常规绝缘实验。 2. 检查变压器外部缺陷，查找渗油点，做好标记和记录	10	
2	变压器放油、吊芯	1. 能正确使用滤油机，排出全部绝缘油。 2. 气象条件（温度、湿度）检查。 3. 吊芯操作规范，无损伤绕组、铁芯，无安全事故发生	20	
3	变压器器身检修	1. 能正确运用手指按压绕组表面，检查匝绝缘状态，无变硬、变脆现象，排列整齐，目测绕组形状应无变形。 2. 检查螺母有无松动。 3. 目测及以手触摸检查引线及引线绝缘。 4. 引线接头处焊接情况应良好。 5. 目测及以手触摸支架。 6. 能正确运用目测及以手触摸铁芯外表，检查其应平整，绝缘漆膜无脱落，叠片紧密，边侧的硅钢片不应翘起或成波浪状。 7. 解开接地片和连接片，用2 500 V或5 000 V摇表测量铁芯对各部件绝缘，与历次实验相比较无明显变化	30	
4	变压器附件检修	1. 结合检修前所做的渗漏点标记，对箱体上的渗漏点进行补焊，消除渗漏点。 2. 用棉纱清洁内外瓷套，用丝板修理导电杆损坏螺纹，检查导电杆及瓷套，应无放电痕迹。 3. 确保吸湿器玻璃罩清洁、完好，填充变色硅胶	25	

续表

序号	考核内容及要求	评分标准	配分	得分
5	检查、修理分接头切换装置	1. 检查指示位置正确。 2. 检查动静触头表面光洁、无氧化变质、无碰伤，镀层无脱落，无严重烧伤，接触严密。 3. 测试接触电阻≤500 μΩ（运行挡）	15	
备注	各项目的最高扣分不应超过配分数	合计	100	

参 考 文 献

[1] 李显全. 维修电工（初级、中级、高级）职业技能鉴定教材［M］. 北京：中国劳动出版社，1998.
[2] 蒋科华. 维修电工（初级、中级、高级）职业技能鉴定指导书［M］. 北京：中国劳动出版社，1998.
[3] 赵承荻. 电机与变压器［M］. 北京：中国劳动出版社，1988.
[4] 徐政. 电机与变压器［M］. 北京：中国劳动社会保障出版社，2008.
[5] 唐立伟. 电气控制系统安装与调试技能训练［M］. 北京：北京邮电大学出版社，2015.
[6] 许珊. 电工电子技术实训教程［M］. 北京：北京邮电大学出版社，2021.
[7] 张小慧. 电工实训［M］. 北京：机械工业出版社，2002.
[8] 劳动和社会保障部教材办公室. 电子专业技能训练［M］. 北京：中国劳动社会保障出版社，2003.
[9] 程勇. 电工技术［M］. 北京：北京邮电大学出版社，2021.
[10] 王建明. 维修电工实训［M］. 北京：机械工业出版社，2021.
[11] 劳动和社会保障部教材办公室. 电工（初级）［M］. 北京：中国劳动社会保障出版社，2009.
[12] 劳动和社会保障部教材办公室. 电工（中级）［M］. 北京：中国劳动社会保障出版社，20015.
[13] 劳动和社会保障部教材办公室. 电工（高级）［M］. 北京：中国劳动社会保障出版社，2011.
[14] 朱照红，李成良. 电工（初级、中级、高级）职业技能鉴定教材［M］. 北京：中国劳动社会保障出版社，2014.